KB119045

우주에서
기다릴게

우주에서 기다릴게

이소연 지음

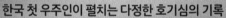

한국 첫 우주인이 펼치는 다정한 호기심의 기록

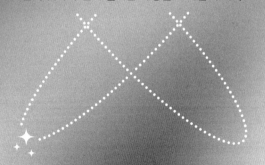

위즈덤하우스

"네가 우주에 가는 것을
마음껏 기뻐했으면 좋겠어."

차 례

3. 다시 우주로

1997년부터 2006년까지, 10여 년 동안 카이스트 학생이었던 나에게 4월은 잔인한 달이었다. 흐드러지게 핀 벚꽃이 가득한 캠퍼스는 아주 멋진 공원이 되는데, 이때는 아름다운 꽃을 즐길 마음의 여유가 눈곱만큼도 없는 중간고사 기간이기 때문이다. 학부생 때는 줄줄이 이어지는 시험으로 바빴고 대학원생 때는 일상적으로 해야 하는 논문과 프로젝트 연구로, 조교를 맡은 과목의 중간고사 덕분에 불어난 일들로 정신없어서 벚꽃이 피는지 지는지 신경 쓸 겨를이 없었다. 점심시간에 봄마다 열리는 딸기 파티를 핑계 삼아 나와 보면, 김밥이나 간식을 싸 와서 피크닉을 즐기는 근처 주민들의 행복한 모습이 한없이 야속하게 느껴지기까지 했다.

2006년 우주인 선발이 시작되면서 4월이 '과학의 달'인 것을 처음 알게 되었다. 이 책에 기록된 길다면 길고, 또 짧다면 짧은 대한민국 최초 우주인으로서의 여정은 바로 이때, 2006년 4월에 출발했다. 과학의 달에 들어 있는 과학의 날, 4월 21일부터 우주인 선발을 위한 지원 접수가 시작되었다.

우연히 신문에서 '대한민국 최초 우주인을 선발해

과학 실험 임무를 수행하고자 우주정거장으로 보내게 될 것' 이라는 기사를 읽었다.

'어떤 사람이 우주인이 되는 것일까?'

궁금해하던 중, 2006년 초 드디어 모집 공고를 보았다. 대학원 선후배들과 우주인 선발에 대해 말도 안 되는 추측을 하다가 '부양가족도 없고, 병역특례를 하고 있지도 않고, 체력도 좋은 이공계생인 너라면 한번 지원해볼 만하지 않겠느냐'는 이야기를 들었다.

'지원이라도 해볼까?'

묘한 느낌에 이끌렸다. 4월 20일 밤, 연구실에 늦게까지 남아 있던 동료들이 '4월 21일이 되자마자 바로 지원해야 심사 위원들이 지치기 전에 네 지원서를 읽지 않겠어?'라고 꽤나 논리적으로 나를 설득했다. 우르르 다 같이 내 책상에 몰려들었다. 4월 21일 0시가 되자 포스터에 쓰인 링크에 들어갔는데, 접속자 폭주로 웹사이트는 다운되어 있었다. 나와 비슷한 생각을 했던 사람이 꽤 많았던 모양이다. 지금 보면 당연한 일인데…. 자정이 가까운 시간에, 잔뜩 상기되어 있던 대학원생에게 힘이 쑥 빠지는 일이 생겼다면 그다음 순서는 명백했다.

"괜히 기대했네! 나가서 맥주나 한잔하고 퇴근하자!"

그렇게 연구실에 남아 있던 우리들은 학교 쪽문으로 걸어 나가 한잔하며 지원서에 뭐라고 쓸 생각이었는지, 어떤 사람이 선발될지, 우주는 남의 일이라는 확신부터 우주에서 실험하면 어떻게 될지 나름의 논리까지 실컷 풀어낸 뒤 헤어졌다. 다음 날, 여느 때와 같이 오전 10시가 훌쩍 넘어 하나둘 연구실로 모인 선후배들은 내 자리로 와서 지원 안 할 거냐고 물었다. 웹사이트에 다시 들어가봤더니 이미 몇천 명이 지원한 상황이었다.

"벌써 몇천 명인데, 이제 와서 지원한다고 심사 위원들이 내 지원서를 제대로 읽기나 하겠어요?"

그러면서도 지원서에 뭘 써야 하는지 항목을 보고 있는 날 발견했고, '해보지 뭐!'라는 생각으로 서류를 마무리했다. 그때만 해도 연구실에서 시끌벅적하게, 장난처럼 쏘아 올린 작은 공이 이렇게나 멀리 날아갈 줄은 상상도 못 했다.

그 이후 4월 하면 '과학의 달'이 떠오른다. 그리고 2008년 4월 8일, 대한민국 최초 우주인으로 우주 비행을 무사히 마치고 난 뒤부터는 다시 엄청나게 바쁜 달이 되었다. 2008년부터 2012년까지, 공부를 하기 위해 미국으로 오기 전엔 전국 방방곡곡을 넘어 전 세계로 강연과 출장을 다니는 빼곡한 삶을 살았다. 그 가운데서도 4월은 행사로 가장 정신 없는 시기였다.

글을 쓰다가 문득 '다른 나라에는 과학의 달이 없나?' 생각이 들어 찾아보니, 미국의 '국가 공공 과학의 날'은 2월 17일, UN이 기념하는 세계 과학의 날은 11월 10일이다. 그러고 보니 미국에 살면서는 10월 4일부터 10일까지 '세계 우주 주간'에 대중 행사가 많았던 것 같다. 1957년 10월 4일 최초의 인공위성 스푸트니크 1호가 발사되어 우주탐사의 길이 열리고, 1967년 10월 10일 '달과 기타 천체를 포함하여 우주의 탐사와 이용에서 국가 활동을 규제하는 원칙에 관한 조약'이 발효된 것을 기념하기 위해 정해진 주간이다.

이제 내게 4월은, 2008년 4월 8일부터 19일까지 국제우주정거장에 체류했던 추억을 한 해에 한 번 정도 돌아보는 달이 되었다. 비행 직후 1주년, 2주년, 3주년을 축하받고 특별한 행사를 계획했던 때는 어린아이의 생일처럼 신나는 날 느낌이었는데, 이제는 당시 감사했던 사람들과 순간을 돌아보는 어른의 생일이 된 것 같다.

비행 직후에는 그래도 한 10년쯤 지나면 좀 더 담담하게 내 우주 비행과 관련한 시간을 제대로 돌아보고 정리할 수 있는 성숙한 대한민국 최초 우주인 이소연이 되어 있지 않을까? 하는 막연한 기대가 있었다. 하지만 2018년 4월이 되었을 때, 단 1밀리미터도 성장하지 않은 듯한 내 자신에 실망하기도 했다. 지금 돌아보면 10년이나 지났음에도 1주년과 다르지 않게 강연이나 행사를 하며 울고 웃던 그때의 내가 좀 아쉽다. 그렇다고 지금은 담담하게 이야기할 수 있는 성숙한 우주인이 되었는가? 솔직히 자신은 없다. 하지만 더 많은 기억이 흐려지기 전에, 그리고 다음에 좀 더 성장해서 지금의 이야기를 고치고 다시 쓰게 된다 하더라도, 이제는 더 늦기 전에 우주인의 이야기를 한자리에 모아둘 필요가 있겠다는 생각이 들었다.

그래서 너무나 무섭고, 너무나 어렵고, 너무나 걱정한가득이지만, 용기를 내 이 책을 시작하게 되었다. 용감한 사람은 무섭지 않아서가 아니라, 무섭지만 용기를 내는 사람이라는 믿음으로….

2023년 3월

이소연

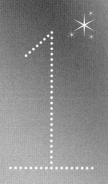

지구에서

우주로

매주 훈련 일정을 전해주는 담당자에게 팀이 바뀐다는 통보를 받았다. 금요일 오후가 되면 그다음 주 훈련 계획을 알려준다. 그런데 바로 돌아오는 월요일부터 팀을 바꾸어 훈련하라는 것이었다. 발사가 두 달 정도 남은 시점이라 너무 갑작스러웠다. 탑승, 예비 우주인의 최종 결정 및 훈련 과정에 대한 결정 권한은 한국 측에 있는데 한국으로부터 들은 바가 없다고, 무슨 일인지 물어도 말을 아끼는 듯했다. 일단 확인부터 하겠다고 이야기하고 바로 팀장님께 전화를 걸었다.

"팀장님! 갑자기 탑승 우주인팀으로 바꿔서 훈련하라는데요? 무슨 일 있어요?"

"아… 그래요?"

"갑자기 팀을 바꾸라니요, 이제 발사일까지 두 달도 안 남았는데."

"러시아 측에서 벌써 그렇게 말해요?"

"네. 마리아가 다음 주 훈련 스케줄 주면서 바뀐다고 하는

데 좀 이상해서요."

"아직 확실히 결정된 건 아닌데, 러시아 측에서 그렇게 이야기하면 일단 그쪽에서 하라는 대로 해요."

"네?"

"자세한 건 확인하고 다시 말해줄게요. 우선 러시아 측에서 하라는 대로 하세요."

"알겠습니다."

러시아 담당자에게 이렇게 훈련하기도 하느냐고 질문했지만 본인은 잘 모른다는 식이었다. 사정을 안다고 해도 이야기해줄 수 없는 입장인 듯해서 더 물어보거나 답을 종용할 수는 없었다.

보통 우주인 훈련은 당장 비행을 하게 될 탑승 우주인팀과 예비 우주인팀이 거의 같은 내용 및 일정으로 진행된다. 예비 우주인팀은 다음 비행 차례인 우주인들로 이루어진 경우가 많고, 탑승 우주인 중 누군가가 갑자기 비행을 할 수 없게 되었을 때 대체하는 역할을 한다.

우주인이 바뀌었다는 공식 발표는 그로부터 약 일주일 뒤에 있었다. 나 또한 자세한 상황 설명이 아닌 항공우주연구원의 입장 발표 내용을 언론에서 들은 것이 전부였다. 막판에 탑승 우주인이 바뀐 상황이었다. 급박하고 복잡한 일에 대처하느라 정신없을 것이 너무나 분명해서, 한국에 있는 직원들이나 팀장님께 전화해 무언가 물어보고 확인하기도 조심스러웠다. 그사이 한국의 센스 있는 기자 한 분은 팀이 바뀌어서 훈련하는 모습이 찍힌 사진을 로이터에서 발견하고는 '왜 이소연이 탑승 우주인과 비행 훈련을 하고 있나'라고 항공우주연구원에 공식적으로 질문하기도 했다고 한다.

역할이 바뀐 후 내가 가장 걱정했던 것은 외부의 시선이 아니라 같이 비행할 우주인들과의 팀워크였다. 예비 우주인은 만일의 경우 탑승 우주인을 대체하는 역할을 해야 한다. 그 때문에 소유스Soyuz 우주선을 타고 올라가서 도킹하고 내려오는 과정을 시뮬레이션으로 계속 반복하는 훈련을 하며, 이는 탑승 우주인과 완전히 동일했다. 그래서 갑작스런 교체에도 훈련 내용 자체는 큰 문제가 되지 않았지만 생사를 같이 할 크루들과의 팀워크는 우주 비행에서 아주 중요한 부분이었다.

탑승 우주인이 결정된 후 본격적인 비행 훈련은 5~6개월 이루어진다. 나는 예비 우주인들과 쭉 훈련을 해왔기에 같이 비행할 우주인들과 함께 호흡을 맞출 시간이 너무 부족했다. 더구나 카자흐스탄 발사장으로 떠나기 전, 비행을 앞둔 몇 주는 대부분의 일정이 이런저런 공식 행사 참석이기 때문에 탑승 우주인들과 훈련받은 기간은 비행 전 하루 종일 진행되는 최종 테스트를 포함해 겨우 2~3일뿐이었다.

　이분들이 함께 훈련한 적도 없이, 갑자기 같이 비행하게 된 한국 여자인 나를 반가워할까라는 걱정이 무척 컸다. 러시아에서 지내는 1년 동안 남성 우주인이 여성 우주인을 그리 반기지 않는다는 느낌을 종종 받았기 때문에 더욱 신경 쓰이고 조심스러웠다. 혹시 실수라도 했을 때 예비 우주인이라 훈련을 제대로 받지 않아서라고 여기면 어쩌나 하는 고민도 있었다. 하지만 다행히 대부분의 우주인이 그렇듯, 역시나 좋은 사람들이었다. 특히 두 우주인의 배우자와 이미 친구였기 때문에 아이들과도 사이좋았던 것이 큰 도움이 되지 않았을까.

　돌아보면 긴 시간 예비 우주인과 훈련을 한 일이 실제 비행에 도움이 된 것 같기도 하다. 탑승 우주인과 예비 우주인의 훈련 내용은 완전히 동일했지만, 탑승 우주인들은 당장 몇 달 뒤 우주로 올라갈 상황이라 긴장된 분위기에서 훈련을 임할 수밖에 없다. 이와 달리 예비 우주인들은 조금 더 여유가 있는 편이었다. 함께 훈련을 받던 러시아 예비 우주인 선배들은 가끔 농담도 하고, 내가 어떤 질문을 하든 시간을 들여 친절하게 설명을 해줄 정도였다.

　예비 우주인팀의 선장이자 내게는 '러시아 오빠'였던, 막심 수라예프 Maksim Surayev는 영화 〈그래비티〉의 조지

클루니같이 재치 있고 성격도 좋은 분이었는데, 훈련 중에 질문을 하면 끝나고 나서 한 시간이 넘도록 칠판에 그림까지 그려가며 자세하게 내용을 설명해주기도 했다. 임무가 바뀌었을 때는 '네가 나보다 먼저 가는구나'라며 진심으로 축하해주었고 카자흐스탄 발사장에서 비행을 준비할 때도 나를 그림자처럼 따라다니며 모든 과정에서 든든하게 함께해주신 따뜻한 분이었다. 당시 열 살 남짓했던 그의 두 딸이 안전하게 우주에 잘 다녀오라는 그림 편지를 아빠에게 전해달라고 부탁해 막심이 카자흐스탄까지 내게 가져다 주기도 했다. 막심 수라예프는 2009년과 2014년에 우주 비행을 했고, 두 차례 모두 우주유영을 하는 등 성공적으로 임무를 수행한 뒤 러시아 국가 영웅 훈장을 받은 베테랑 우주 비행사다.

　　탑승 우주인 교체 발표 후, 주위에서는 축하해주었지만 정작 나는 기뻐할 기분이 아니었다. 이 소식이 러시아 훈련소에도 공식적으로 전해진 날 저녁, 평소에 친하게 지냈던 러시아 교관과 우주인 들이 꽃과 폭죽을 사 들고 내 숙소로 찾아와 요란하게 문을 두드리면서 "싸얀! 싸얀!" 하며 불렀다. 밖으로 나갔더니 폭죽을 터뜨리며 건물이 떠나갈 듯 축하한다고 소리 질러댔다. 원래 탑승 우주인이었던 산이 오빠가 묵는 방이 복도 끝에 있어서 다 들릴 거라 생각되어 마음이 너무나 불편했다. 일단 방으로 들어오라고 한 뒤 조용히 좀 하라고 나도 모르게 언성을 높였다. 다들 좋은 일을 축하해준 것인데 왜 화를 내는지 이해가 안 된다는 표정으로 나를 쳐다보았다. "네가 그토록 바라던 우주에 가게 된 거잖아!"라며 서운한 기색도 내비쳤다.

축하도 정말 고맙고 우주에 가는 것도 꿈꾸던 일이었지만, 그 순간은 또 누군가에게 서운하고 슬픈 소식이 되니 마음이 쓰였다. 그동안 계속 내 숙소를 자기 방처럼 드나들던 러시아 우주인 올레그Oleg Artemyev는 "아니, 네가 잘못되게 한 것도 아니고 최선을 다해 좋은 결과를 얻은 건데 왜 그래?" 하며 툴툴거리기도 했다. 하지만 훈련소 내에서 러시아 친구들에게 스캔들처럼 이야기되는 상황의 한중간에 있는 한국 사람 입장에서 기쁠 수만은 없었다. 예비 우주인으로 임명된 직후 며칠 서운했던 건 사실이지만, 어느 정도 시간이 지나고 나니 탑승 우주인과 동일한 훈련을 마지막까지 받을 수 있는 것만으로도 감사하고 좋았다. 솔직히 몇 달 뒤 생사를 걱정해야 하는, 비행을 앞둔 우주인이 아니었기 때문에 훈련 하나하나가 신기하고 '아, 우주에서는 이런 점이 다르겠구나' 싶은 깨달음이 있어 더 재미있었던 듯하다.

예비 우주인이 아니라 실제 대한민국 최초의 우주인이 된다는 것은 전혀 다른 문제였다. 한국에서 사람들이 어떻게 생각할까도 걱정이었고, 내가 우주인으로서의 역할을 잘할 수 있을지도 큰 부담이었다.

교체 발표 며칠 뒤, 주말 저녁에 러시아 훈련소 NASA 우주인 훈련 담당자였던 존John Mcbrine이 전화하더니 다짜고짜 NASA 숙소로 오라고 했다. 러시아 훈련소에 미국 우주인 숙소는 따로 있고, 마치 대사관처럼 미국 영토로 인정받는다. 미국 우주인들은 거의 주말마다 바비큐 파티를 하기 때문에 당연히 같이 놀자는 이야기였다. 갈 기분이 아니라고 여러 번 거절했지만 막무가내로 일단 와보라는 것이었다. 내키지는 않았지만 훈련받는 내내 친하게 지낸 친구여서 결국 거절하지 못하고 갔다. 미국 우주인 숙소에 도착하니 존이 문을 닫으며 이렇게 말했다.

"여기선 아무도 네 목소리 못 들어. 또 아무도 네 이야기를 밖에서 하지 않을 거야. 그러니 여기서 딱 두 시간만 실컷 웃고, 다른 사람 신경 쓰지 말고, 네가 우주에 가는 걸 마음껏 기뻐했으면 좋겠다."

그 마음이 너무 따뜻하고 고마워서 눈물이 났다. 그때 존이 갑자기 지하로 내려가자고 했다. 미국인들은 스포츠를 워낙 좋아하기 때문에 지하에 모여 큰 텔레비전으로 다같이 중계를 보는 경우가 많았다. 지하로 내려가자 어디서 자주 보던 곳이 화면에 나오고 있었다. 국제우주정거장의 모습이었다. 그러고는 전화기를 건네주기에 받았더니, 그곳에 있는 미국 여성 우주인 페기 윗슨Peggy Whitson의 목소리가 들렸다.

"아니, 페기는 우주에 있잖아?"
"네가 힘들어하는 게 안타까워서 페기와 이야기하면 좀 힘이 날까 해서 전화 연결해놨어."

놀라는 사이 페기가 말했다.

"마음이 무거운 것, 너무 잘 알고 있어. 평소에 하던 대로만 해라. 더도 덜도 말고, 딱 평소 하던 대로만 하면 돼. 우리는 여기서 널 기다리고 있을게."

우주로 간다는 것이 처음으로 현실로 느껴졌고, 동료들의 따뜻한 마음이 큰 힘이 되어 엉엉 울었다. 우주정거장의 우주인과 직접 통화하고 힘내라는 말을 들은 것도 어마어마한 일이었지만, 그 말을 한 사람이 페기라는 사실은 정말이지 차원이 다른 사건이었다. 2007년 3월, 러시아 우주인 훈련소에 와서 처음 만난 NASA 우주인 중 한 분이 페기 윗

● NASA 우주인 숙소 지하 바 한쪽에 영화
상영 및 화상 통화를 위해 마련된 공간

● 2011년 러시아 우주인 훈련소에서 다시 만
난 올레그

슨이었다. 훈련 때나 다른 우주인들과 어울리는 자리에서 봐
온 페기는 정말이지 멋진 언니였다. 그 뒤 계속 그는 내 롤모
델이었는데 심지어 2007년 6월, 내 생일에 페기가 단체 이메
일이 아닌 내게 따로 보낸 메시지는 너무 감동적이었다. 프
린트해서 다이어리에 붙여놓고 지갑에도 넣고 다녔는데, 훈
련이 힘들 때나 잠깐 우울해질 때 꺼내 보면 힘이 났다. 그런
페기가 우주에서 나에게 전화를 하고 응원을 해준 거다!

Whitson, Peggy A.
받는 사람: 나
↰ ↰ ↱
일 2007-06-03 오전

Soyean,

Thanks so much for cooking for us!! I loved the spicy noodles, especially.

I am glad that we could make your birthday memorable and special. You are a
special person and deserve to know how much we all respect you.

Take care, Peg

● 2007년 내 생일 다음 날인 6월 3일 페기가 보내준 메시지

소연,

우릴 위해 요리해줘서 정말 고마워!! 특히 비빔국수가 참 맛있더라.

우리가 네 생일을 특별한 추억으로 만들었다니 보람이 있네.

넌 참 특별한 사람이고, 우리 모두가 널 얼마나 존중하는지 꼭 알았으면 해.

페기

한국의 우주인 교체는 특히 해외 언론의 많은 관심을 받았다. 여성이 그 나라 최초의 우주인이 되는 것이 처음은 아니었지만, 흔한 일도 아니었다. 더구나 한국 같은 나라에서⋯. NASA의 마케팅 담당 직원은 국제적인 관심을 끌기 위해 일부러 비행 직전에 여성으로 우주인을 교체한 것 아니

● NASA 우주인 숙소에서의 생일 파티. 이날 생일 파티를 열어줘서 고맙다고 이메일을 보냈더니 페기가 따로 답장을 해주었다

냐고 물어보기까지 했다. 정말 생각지도 못한 신선한 질문이었다.

내가 예비 우주인으로 선발되었을 때, 목표는 '최고의 예비 우주인'이 되는 것이었다. 최고의 예비 우주인은 언제든 탑승 우주인과 교체되었을 때 바로 대처하여 임무를 수행할 수 있어야 한다. 문제는 이러한 상황이 실제로 일어날 거라고는 생각하지 못했다는 것이다.

지금 제대로 대처하지 못한다면 나는 그동안 예비 우주인으로서 훈련을 제대로 하지 않은 것이 된다. 원하든 원하지 않든 나에게 주어진 역할을 잘 수행해야만 한다. 내가 최고의 예비 우주인으로서 충분히 잘 준비하고 있었음을 증명해야 할 순간이 온 것이다.

우주에서 가장 중요한 것

2007년 3월부터 1년간 러시아에서 훈련받는 동안 '훈련 일기'를 썼고 일부는 언론에 공개되기도 했다. 지금은 기록한 그때처럼 기억이 생생하지 않지만, 우주 비행을 한 것 이상으로 우주 비행사가 되기 위한 훈련 과정도 소중한 경험으로 남아 있다. 우주인들에게 가장 힘든 훈련이 무엇이었는지 물어보면 대부분 외국어를 배우는 것이라고 대답한다. 국제우주정거장에 가려면 러시아 우주인은 영어를 배워야 하고 미국 우주인은 러시아어를 배워야 한다. 물론 다른 나라 우주인은 둘 다 배워야 한다. 그래서 우주인들이 가장 부러워하는 사람이 중국 우주인이라는 말이 있을 정도다. 중국은 자기 나라 우주선에 자기 나라 우주인만 태우고, 자기들만의 우주정거장으로 가니까 자국어인 중국어만으로도 우주 비행 전 과정 수행이 가능하다.

훈련을 시작했을 때, 나는 러시아어 알파벳도 모르는 상태였다. 처음 6개월은 대부분 교실에서 이론을 배우는 시간이었고, 그중 절반은 러시아어 수업이었다. 1년 만에 우주 비행 동안 의사소통이 가능한 정도의 러시아어를 구사할 수 있어야 하기 때문에 수업은 정말 입시 때 이상의 집중 교육이었다. 단 두 명의 학생을 대상으로 한 강의에, 매일 숙제도 많아서 훈련을 끝내고 숙소로 돌아가서도 서너 시간은 러시아어를 붙들고 있어야 했다.

특히 고된 순간은 수업을 시작할 때마다 선생님께서 던지시는 '어제 뭐 했니?'라는 질문에 대답하는 것이었다. 어릴 때 썼던 일기처럼 '참 좋은 하루였습니다'로 끝낼 수 있으면 좋겠지만, 친절하신 우리 러시아어 선생님들은 꼭 '뭐가 좋았는데, 왜 좋았지?'라고 되물으셨다. 매일 저녁 다음 날 질문에 러시아어로 답할 준비를 하는 게 가장 큰 숙제였다.

1년간 러시아어 선생님 세 분과 함께했는데 그중 강의를 가장 많이 하신 분은 백발이 성성하고, 귀에는 보청기를 끼고, 수업이 시작되면 큼직한 안경을 쓰시는 인자한 할아버지 이고르 블라디미로비치 메르쿨로브 선생님이었다. 오랫동안 외국 우주인들에게 러시아어를 가르치셨고 대학에서 강의도 하셨다. 수업이 끝나면 군용 번호판을 단 차가 건물 앞에서 대기하다가 선생님을 태워 기사님이 지하철역까지 데려다드리곤 했다.

수업 자료는 매 시간 직접 타이핑해 프린트해서 나눠주셨고, 수업을 듣던 학생들이 잘 알아듣지 못하면 그 자리에서 PDA로 러영사전을 찾아서 보여주시는 신세대 할아버지였다. 참고 자료로 나눠주신 그림에 채색이 되어 있어 신기했는데 직접 칠하신 거라고….

◐ 훈련 중 내 질문에 친절하게 설명해주시는 이고르 선생님

◐ 이고르 선생님께서 직접 나눠주신 수업 자료와 그림

점심을 먹고 잠깐 시간이 남아 복도에 걸린 사진을 보는데, 선생님께서 일찍 오셔서 같이 다닌 적이 있다. 훈련소가 위치한 스타시티 여기저기에는 이곳을 거쳐 간 우주인들의 사진과 이름을 보여주는 큰 포스터가 붙어 있다. 그 안의 외국 우주인 사진을 하나하나 가리키며 옛 추억을 이야기하듯 "이 사람은 어느 나라 우주인인데 성격이 좋았고, 열정이 있었고…"라고 하셨다. 어떤 우주인이 멋지다고 하시는데 나에게는 이고르 선생님이 더 근사해 보였다. 이런 한 분 한 분의 역할이 모여서 러시아가 우주 강국의 지위를 유지하는 것이 아닌가 하는 생각이 들었다.

러시아어 수업이 끝나고 이어지는 훈련은 러시아 교관이 러시아어로 했다. 그때는 통역장교가 영어로 말해 주기는 했지만 그래도 러시아어 듣기 훈련은 계속되는 것이었다. 숙소로 돌아와도 부대 전체가 러시아어로 대화한다. 가게나 식당도 마찬가지고, 텔레비전에서도 러시아 방송만 나왔다. 훈련소에서는 24시간이 러시아어 수업이나 마찬가지였다. 가가린 우주 비행사 훈련센터Gagarin Research & Test Cosmonaut Training Center, GCTC와 숙소는 러시아 공군 부대 안에 있었다. 한국의 작은 '시' 크기의 부대 안에 전투기 부대가 위치하고, 또 그 전투기 부대 내부에 러시아 우주인 훈련소가 있다. 숙소는 훈련소 바깥쪽 부대 내에 있어 훈련받는 내내 러시아 공군 부대 안에서 지내게 되었다.

러시아에서는 생존을 위해서라도 러시아어를 배우지 않을 수 없었다. 상점에 처음 물건을 사러 갔을 때, 직원들이 외국인에게 물건을 팔겠다는 의지가 거의 없는 듯 반응하는 모습은 정말 문화 충격이었다. 우리나라 시장의 상인들은 영어는 기본이고 일본어, 중국어, 손짓 발짓에 계산기 숫자까지 동원해 물건을 팔지만 러시아 상점의 직원들은 일을 많이 하든 적게 하든 정해진 월급을 받는 데다, 오랜 공산 문화권에 익숙해진 덕분인지 완전히 다른 모습이었다. 내가 문을 열고 상점에 들어가면 갑자기 모두들 바빠진다. 안 하던 청소를 하거나 갑자기 상품 정리를 하고, 걸려 오지도 않은 전화를 받기도 한다. 내가 불러도 못 들은 척이다. 지금 생각하니 참 착한 사람들이었다. 동양인 여자를 그냥 무시해버릴 수 없어서 그렇게 피했던 것이다. 이런 러시아 우주인 훈련소는 러시아어를 배우지 않으면 먹고사는 데 문제가 되는, 언어를 배우기에는 최적의 환경이었다.

외국어를 배우는 데는 현지에서 주입식 몰입 교육을 받는 것이 최고임을 직접 체험한 시간이었다. 그리고 그렇게 배운 외국어를 계속 사용하지 않으면 아무 소용이 없게 된다는 것 역시 몸소 겪었다. 지금은 내가 언제 러시아어를 했던가 싶다. 그런데 몇 년 전, '과학과사람들'에서 준비한 과학 체험 여행의 안내자로 러시아를 방문했을 때 완전히 잊은 줄 알았던 러시아어의 기억이 조금이나마 살아나는 경험을 했다. 어쩌면 다시 러시아어를 공부한다면 처음 배웠을 때보다는 수월하지 않을까 기대도 된다. 그럴 기회가 있을지는 모르겠지만.

훈련의 초반은 러시아어 수업과 함께 대부분 이론을 익혔다. 마치 대학으로 다시 돌아간 듯한 느낌이었다. 대한민국의 정규 교육과정을 거친 우주인 후보에게는 그렇게 어려운 일은 아니었다. 생명 유지 장치를 비롯하여 우주인이 사용하는 기기들이 어떤 방식으로 작동하는지 등을 배웠다.

원리를 알아야 문제가 생겼을 때 해결할 수 있기 때문이다. 매뉴얼만 보는 것이 아니라 기본 원리를 자세히 설명해주는데, 그 과정이 통역을 거쳐 전달되는 게 아쉬울 때가 종종 있어서 얼른 러시아어를 잘하고 싶다는 욕심이 생기기도 했다.

생명 유지 장치Система Обеспечения Жизнедеятельно를 러시아어 약자로 쓰면 'СОЖ'가 되는데 발음은 '소주'와 비슷하다. 교육을 받으면서 어려웠던 점은 기억해야 하는 시스템이나 기기, 스위치 등의 이름이 모두 러시아어 약자로 이루어졌다는 것이다. 하지만 우주인이 사용하는 기기 중 가장 중요한 생명 유지 장치는 한 번만 들어도 절대 잊을 수 없는 이름이었다. 한국에서는 또 다른 의미로 삶을 유지하는 데 중요한 역할을 하는 것이라고 이야기하면서 교관님께 한국 소주를 선물한 적도 있었다. 그는 정말 재미있어 하며 좋아했다.

소주, 아니 생명 유지 장치는 한정된 공간인 소유스 우주선에서 제한된 산소와 물, 영양소 등을 효과적으로 공급하기 위한 모든 시스템과 기기를 말한다. 소유스를 타고 우주에 가기 위해서 알아야 하는 가장 중요한 부분이라고 할 수 있다. 생존에 필요한 산소, 물, 영양소 등의 양을 측정하고 그 측정값에 의해 조절되는 밸브들은 몇 번씩 다시 물어봐야 할 정도로 복잡했다. 또 하나 생존에 중요한 문제, 소유스 우

◖ 소유스 내 식수 공급을 위한 장치　　◖ 소유스에서 화장실 이용 시 사용하는 장치

주선 안에서 화장실을 사용하는 방법도 교육받았다. 다행히 발사하고 나서 우주정거장까지 도달하는 동안에는 별도의 거주 모듈에 화장실 시설이 있기 때문에 큰 문제는 없었다. 그런데 지구로 돌아오는 동안에는 귀환 모듈 내에서 모든 것을 해결해야 했다. 흠…. 귀환하는 데는 두 시간밖에 안 걸리니까 고속버스 타기 전처럼 귀환 모듈 탑승 전에 꼭 화장실을 가야겠다고 다짐했다.

　　국제우주정거장의 구조 또한 설계도까지는 아니지만 약식 도면을 보여주며 부분 부분 자세히 설명을 해줬다. 우주정거장이 어떻게 생겼는지, 어떤 식으로 운용되는지, 비상시에는 어떻게 해야 하는지 등을 아주 상세하게 알려주었다. 우주에서 먹는 음식 처리 방식, 식사법까지도 배웠다. 수강생은 두 명뿐이기 때문에 적당히 모르고 넘어갈 수가 없다. 교관님들은 서로 다른 언어로 통역장교를 거쳐 소통하고 있음에도, 우리 눈빛만 보고 제대로 이해했는지 아닌지를 알아차리셨다. 그야말로 몇십년에 걸쳐 외국 우주인들을 훈련했던 경험에서 온 '짬'이었다.

⬤ 우주복에 대해 설명해주시는 교관님

언급했듯 처음 6개월은 이론 수업을, 이후 6개월은 주로 비행 시뮬레이션 훈련을 받았다. 이때는 좁은 시뮬레이터 안에 통역장교가 들어올 공간이 없다. 소유스 우주선과 똑같이 생긴 곳에 세 사람이 들어가

⬤ 소유스 귀환 모듈 시뮬레이터 안에서 교육 받는 모습

서 훈련을 받는데, 그 안은 세 명이 들어가면 꽉 차기 때문이다. 통역장교는 만일을 대비해 통제소에서 무전으로 내부 상황을 듣고 있다. 하지만 대부분의 경우 통역 없이 교육이 진행된다. 훈련은 실제 비행과 똑같은 상황, 똑같은 스케줄로 기다릴 건 기다리면서 이어진다. 지금까지 이론으로 배웠던 바를 실전에서 사용하는 훈련을 하는 것이었다. 아무래도 우주 비행과 흡사한 이 과정이 가장 재미있고 신날 수밖에 없다.

실전 훈련 중 특히 색다른 것은 생존과 관련된 부분이었다. 우주 비행에서 그 어떤 임무보다 중요한 것은 우주인

의 생존이다. 생존을 위한 여러 시설에 대한 훈련에서는 물론이고, 다른 기기 훈련에서도 교관들은 항상 우주인의 생존이 가장 우선순위임을 강조한다.

우주에서는 아무리 사소한 것이라도 큰 사고로 이어질 수 있다. 무중력상태의 국제우주정거장에서는 음식물 부스러기 하나조차 떠다니다가 기계에 들어가 이상을 일으킬 수 있다. 따라서 음식물뿐 아니라 떠다닐 수 있는 것은 모두 특수한 용기에 담아야 한다. 특히 우주정거장에서는 화재가 가장 치명적이기 때문에 이를 대비한 훈련에 많은 시간을 할애했다. 우주정거장에는 작은 불꽃이나 연기도 바로 탐지하는 화재 감지 장치와 경보기가 갖추어져 있다. 이런 장비의 원리와 경보가 울렸을 때 대처하는 법, 화재가 일어난 곳을 파악하는 방법, 소화기 사용 및 마스크 착용법 등을 실습

● 국제우주정거장 서비스 모듈 모형 내부의 식탁

◗ 캔에 담긴 우주식. 대개 고기나 해산물 등이 캔 형태로 포장된다
◖ 냉동 건조 우주식

◗ 따뜻한 물을 부어 마시는 차와 튜브에 보관된 우주식 주스
◖ 우주식을 먹을 때 이용하는 기구 및 튜브를 열기 위한 도구와 캔 따개

과 함께 세세하게 훈련받았다.

　　　정말 힘들었던 일로 손꼽을 수 있는 건 해양 생존 훈련이었다. 소유스 우주선은 비행기나 우주왕복선과 같이 딱 정해진 활주로로 내리는 구조가 아니다. 따라서 착륙이 예상되는 장소 근처에서 헬리콥터나 장갑차 들이 대기하다가 우주선 착륙지를 확인한 뒤, 우주인들을 구조하기 위해 출동한다. 대부분 장소 예측이 가능하기 때문에 착륙 전부터 헬리콥터가 근처를 날다가 착륙하는 소유스 우주선을 엄호하며 내려오기도 하지만, 비상 상황이 발생하면 헬리콥터나 구조 장갑차가 우주선의 위치로 찾아올 때까지 우주인들이 기다

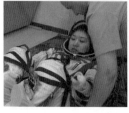

● 각 부분의 기능 설명 및 가압 성능
확인 훈련

려야 한다.

물론 이 내용을 훈련 일기에 기록할 때만 해도, 내가 그런 특수한 상황에 처할 것이라고는 상상도 하지 못했다. 다만 긴 러시아 유인 우주 비행 역사상 몇 번 안 되는 일이라고 하니, 제대로 생존할 수 있다고만 하면 특별한 경험을 하는 것도 나쁘지는 않겠다고 교관님께 철없이 농담을 했다. 물론 교관님은 정말 위험하다고, 그런 소리 말라고 정색하셨다.

소유스 우주선이 귀환 중 바다에 착륙할 확률은 거의 없지만, 카자흐스탄에서 발사 도중 또는 발사 직후 문제가 생겨 우주인을 탈출시키는 로켓이 작동하는 경우, 소유스 우주선을 바다로 떨어뜨리게 될 수 있다. 그렇기 때문에 이 상황에 대비한 해상 생존 훈련을 우크라이나 흑해상에서 받아야 했다. 우크라이나로 떠나기 전, 먼저 강의실과 우주인 훈련소의 수조에서 이론 교육이 진행되었다. 헬리콥터로 구출

되는 영상을 보면서 설명도 듣고, 바다에서의 구조 과정을 그대로 시뮬레이션 하기도 했다. 예전부터 헬리콥터를 꼭 타보고 싶었기에 실제로 하면 좋겠다는 생각을 했지만, 아쉽게도 수조 위에 설치된 크레인이 헬리콥터 역할을 하는 모의 훈련이었다. 우주복이나 구명복을 입고 가슴 부분에 헬리콥터에서 내려온 고리를 걸어서 들어 올려지는 방식이었다.

　　해양 생존 훈련에서 가장 힘든 일은 우주선 내에서 구명복으로 갈아입은 뒤, 우주선 바깥으로 나와 헬리콥터가 올 때까지 바다에 떠서 기다려야 하는 것이었다. 이는 우크라이나 흑해상에 있는 러시아 해군 선박에서 사전 훈련을 받고 시뮬레이션도 한 뒤, 바다에 똑같은 소유스 우주선을 크레인으로 던져서 실제 상황을 연출해 진행되었다. 우주선에서 바다로 빠져나오기 전에 우주복을 벗고 구명복으로 갈아입어야 하는데, 밖에서도 쉽지 않은 우주복 벗기를 그 좁은 우주선 안에서 해야 했다. 소유스 우주선에 세 명이 타는 건 경차 뒷좌석에 셋이 앉은 것과 비슷하다. 그 와중에 작은 우주선 모듈이 파도 때문에 계속 흔들리고, 야외 주차장에 세워둔 자동차같이 햇빛에 달궈져 내부 온도는 섭씨 50~60도로 올라가서 사우나에 있는 것처럼 땀이 비 오듯 흐른다.

　　세 명의 우주인이 좁은 공간에서 땀에 젖은 채로 고무 재질 구명복으로 갈아입기 위해서는 한 명씩 자리를 만들

◐ 우주유영을 하는 수조에서 미리 이루어진 해양 생존 훈련
◑ 우크라이나 흑해상에 소유스 우주선의 귀환 모듈을 크레인으로 던져 실제와
　 비슷하게 진행되는 해양 생존 훈련. 해상에는 해병대와 해군 부대 요원이 만
　 일의 상황에 대비해 구명보트와 함께 대기 중이다

◐ 크레인으로 소유스 우주선 귀환 모듈을 던지기 전, 탑승하는 과정
◑ 해양 생존 훈련의 마지막 단계. 소유스 우주선 귀환 모듈 바깥으로 나와 바다
　에 떠 있다 구조되어 러시아 해군 함정으로 돌아온 직후

어주고 서로 옷을 당겨줘야만 가능하다. 흔들리는 캡슐 안에서 멀미까지 겹치다 보니 탈진 위험이 커서, 바깥 해군 함정에는 응급 의료팀이 대기하며 우주인들의 상태를 계속 체크한다. 의료팀은 너무 힘들거나 탈진할 것 같으면 바로 보고한 뒤 훈련을 멈춰야 한다고 이야기하지만, 그렇게 되면 다음 날 다시 모든 과정을 처음부터 해야 한다. 따라서 힘들다고 보고하는 일을 쉽게 결정할 수 없다는 것이 함께 훈련을 받는 우주인 셋 모두에게 큰 부담이었다.

살면서 이렇게 체력적으로 힘들었던 적이 있었나 싶을 정도였다. 계속 멀미가 나 봉지에 토하고 땀을 흘리며 우주복을 벗고 구명복을 입고 동료 우주인이 갈아입을 수 있도록 몸을 구겨 자릴 만들어주고 소매를 당겨 도와주면서, '끝날 때까지 정신 똑바로 차리고 버티자'라는 생각만 되뇌었다. 그리고 나서 100년같이 길게 느껴지던 모든 과정이 끝나고 우주선에서 나와 구명정에 구조되었다. 해군 함정에 돌아와 의료진이 내 건강 상태를 체크하는데, 두세 시간 만에 몸무게가 5킬로그램쯤 줄어 있었다. 지금도 가끔 강연을 하면서 이 해상 생존 훈련 영상을 트는데, 그때의 내가 참 초췌한 몰골이라 정말 불쌍하게 느껴진다. 당시 교관님께 이렇게 물었다.

"멀쩡할 때 해도 이렇게 힘든데, 우주에 갔다 와서 제대로 서지도 못하는 우주인들이 이걸 어떻게 다 하고 생존할 수 있을까요?"

"너희에게 문제가 생겼을 때 그대로 할 수 있을 거라고는 우리도 기대하지 않아. 그래도 한 번 해보면 정말 위급한 상황에 대처하는 데 도움이 될 수 있어. 사람이 생사의 고비에 놓이면 못할 게 없기도 하고."

그렇다. 위급한 상황은 언제 어떻게 생길지 아무도 모른다. 내가 우주에서 돌아오면서 겪었던 일 역시 누구도 예상하지 못했다. 몸에 밴 생존 훈련은 분명 도움이 되었다. 그런 점에서 돌이켜 보면 우주인 훈련은 어느 하나 생존과 관계없는 것이 없었다.

우주인 훈련은 정확하게 매뉴얼대로 이루어진다. 흔히 기계가 사람 손을 탄다고 말하는 데, 우주선의 모든 일은 손 타는 일을 최소화하는 것이 아주 중요하다. 그래서 매뉴얼에는 모든 과정이 필요 이상으로 자세하게 적혀 있다. 아무것도 모르는 사람도 매뉴얼만 보면 따라 할 수 있을 정도다. 매뉴얼은 그동안 누적된 경험의 최종 결과물이므로, 몇 분간의 행동을 위한 문장들 작성에 몇 년이 걸렸을 수도 있다.

◐ 투명한 기구 위에서 신체 치수를 측정하는 모습
◑ 소유스 우주선 내 각 우주인의 시트라이너Seat liner 형틀 제작을 위해 석고를 붓는 과정

◐ 석고가 굳는 동안 몸이 떠오르지 않게 누른다
◑ 석고가 굳은 뒤 크레인으로 몸을 들어 올린다

◐ 우주복 제작을 위한 치수 측정
◑ 우주복을 입은 채로 통에 들어가서 형틀 제작이 잘되었는지 확인한다

전자 기기는 우주 방사선에 취약할 수 있기 때문에 매뉴얼은 반드시 종이에 인쇄하여 비치한다. 훈련받는 내용이 많기는 하지만 우주인들은 똑같은 행동을 수십 차례 반

● 소유스 모형 안에서 러시아 예비 우주인 선장, 비행 기관사와 함께 장갑을 끼고 우주복 진공 체크를 하는 모습

복하기 때문에 외울 수밖에 없다. 하지만 훈련 교관들은 자신의 두뇌를 절대 믿지 말라고 한다. 갑작스런 상황이 닥치면 외운 것을 제대로 기억한다는 보장이 없기 때문이다. 그래서 훈련할 때는 항상 매뉴얼을 하나하나 확인해야 한다. 첫 번째 문장 읽고 확인, 선장이 엔진을 켠다고 하면 매뉴얼대로 하는지 양쪽에 앉은 두 명이 두 번, 세 번 체크하는 일이 매번 이루어진다. 비행을 아무리 여러 번 했더라도 매뉴얼을 확인한 다음 실행하는 규칙에 무조건 따라야 한다. 우주에서는 단 하나의 사소한 실수도 용납될 수 없다. 우주에서 가장 중요한 것은 우주인의 생존이기 때문이다.

우주인 호텔에서

훈련하는 동안 매번 피부로 느끼지는 못했지만 여기저기서 많은 관심을 받는다는 것은 쉽게 알 수 있었다. 러시아 훈련소 내에서야 워낙 동양인이 없다 보니 눈에 띌 수밖에 없어 그러려니 했지만, 멀리 떨어진 한국에서의 관심은 예전 대학원생 때와는 확연히 다른 느낌이었다. 훈련받을 때 특별한 복장 규정이 없었기 때문에 찢어진 청바지를 입기도 했는데, 하필이면 그 사진이 보도자료로 나간 것이다. 그러고는 얼마 뒤 한국으로부터 가능하면 찢어진 청바지는 입지 않았으면

● 바이코누르에 도착하다

좋겠다는 전화를 받았다.

어느 날은 한국에서 시계를 선물로 보내왔다. 갑자기 뜬금없이 왜 시계를 보내주셨나, 의아해했는데 알고 보니 내가 레고 시계를 찬 모습이 보도자료로 나간 적이 있었다(30쪽 사진 참고). 알록달록한 장난감처럼 보이는 것이었는데, 고맙게도 누군가 마땅한 시계가 없어서 그걸 찼다고 여긴 모양이었다.

이런 일을 몇 번 접하다 보니 행동 하나하나를 조심할 수밖에 없게 되었다. 나를 지켜보는 사람들이나 현지 상황을 모르는 이들에게는 내가 별 뜻 없이 한 행동도 다르게 보일 수 있겠다는 생각이 들었다. 이러한 부담감에서 오는 스트레스가 어떨 때는 훈련보다 더 힘들었다. 때로는 러시아 사람들이 먼저 지적해주기도 했다.

"한국 언론에 이렇게 비치면 오해가 생길 수도 있어."

"어떻게 알아?"

"우린 너 같은 어느 나라 최초 우주인만 서른 명 넘게 겪었어."

이처럼, 훈련을 받고 비행을 준비하면서 '이분들은 수십 년간 많은 최초 우주인을 배출한 베테랑이구나' 하고 실감이 나는 순간이 종종 있었다.

● 2008년 3월 최종 시험

격리

　　발사를 2주 정도 앞두고, 우주인들과 러시아 우주
인 센터의 교관 및 엔지니어는 발사장이 있는 카자흐스탄 바
이코누르로 미리 이동하게 된다. 지금은 팬데믹을 몇 년 겪
으면서 전 세계 모든 사람이 격리가 무엇인지를 너무나도 잘
알게 되었지만, 2008년 3월 당시만 해도 우주인이 우주로 가
기 전 격리되어 지내는 상황을 꽤 길게 설명해야 했다.

　　우주정거장이라는 제한된 좁은 공간에서 우주인들
끼리 함께 지내야 하는데, 누군가가 감기나 전염성 질환을
가지고 올라가면 우주에 있는 모든 사람에게 옮길 위험이 있
다. 때문에 비행 전 2주간 탑승 우주인과 의료 담당자들은 철
저히 격리되어 지낸다.

주관 방송사 SBS의 다큐멘터리팀 피디님 두 분은 우주인 선발의 마지막 즈음부터 러시아 훈련소에 입소해 훈련하는 과정을 거쳐 발사까지, 한국 최초 우주인의 탄생 전체를 다큐멘터리에 담기 위해 두어 달에 한 번씩 러시아에 오셨다. 해양 생존 훈련, 산악 생존 훈련 역시 일거수일투족을 기록하셨다. 물론 주목적은 기록이었지만 외롭게 훈련을 받는 내겐 큰 위안이었다. 필요한 물건을 가져다주시기도 하고, 또 우주인들이 생활하면서 느끼는 바를 자세히 물으시며 내 이야기를 주의 깊게 들어주시기도 했다. 그러던 중 격리가 시작되어 이분들이 가까이에서 발사 준비를 지켜보며 촬영할 수 없게 되었다. 이때 역시 전문가답게 어떻게든 과정을 알고, 기록하기 위한 노력을 아끼지 않으셨다.

격리 첫날 호텔에서 쉬고 있는데 건물 바깥에서 무슨 소리가 들리는 듯해 테라스로 나가봤더니, 다큐멘터리 피디님과 러시아어 통역을 하던 분들이 날 부르고 계셨다. 정확히 기억나지는 않지만 3층 정도에 있는 방에 머물렀는데, 자주 뵙고 이야기하던 사람들을 보니 반가웠다. 그리고 현재 상황을 공유해드려야겠다는 생각도 들었다. 그렇게 테라스에 서서 건물 밖에 계신 분들과 한참을 이야기했다. 다큐팀은 거의 매일, 일과가 끝날 무렵 호텔 건물 바깥으로 찾아왔고 난 그날그날의 경험을 전하며 수다도 떨고 웃기도 했다.

아무래도 3층 테라스에 있는 내가 건물 바깥에 있는 사람과 소통하려면 평소보다는 크게 소리를 지를 수밖에 없었다. 사흘째였던가, 이야기를 끝낼 즈음 교관님 한 분이 방으로 오셨다. 근처에 사는 카자흐스탄 현지인에게 오해를 불러일으킬 수 있으니 호텔 밖으로 찾아오는 한국인들과 대화하는 것을 자제해달라고 하셨다. 동양인 여자가 건물 테라스에 나와 알아들을 수 없는 언어로 소리 지르는 장면이 납치된 것처럼 보이는 듯하다고. 카자흐스탄의 발사 관련 시설과 우주인 호텔 근처에 사는 사람들 대다수가 로켓 발사에 대해 어느 정도는 알지만 그렇지 않은 주민도 많아서, 혹시라도 오해를 살 만한 일을 만드는 건 내게 좋지 않을 것 같다고 조언하셨다. 상황을 전혀 모르는 카자흐스탄 사람에게 어떻게 보일까를 상대 입장에서 생각해보니 그럴 수도 있겠다 싶었다.

재미있었던 일은, 그렇다고 포기할 다큐팀 피디님들이 아니었다는 것이다. 나는 매일 오전에 한 번, 오후에 한 번, 의료 장교 대위님과 함께 우주인 호텔 바로 근처 공원을 산책하는 일정이 있었다. 그때 다큐팀 통역을 맡으신 분이 숙소에서 필요한 물건들을 전해주고 싶어서 왔다며 쇼핑백을 건넸는데, 그 안에 카자흐스탄에서 사용 가능한 프리페이드 핸드폰이 들어 있었다. 나는 나머지 기간 동안 그 핸드폰으로 통화하면서 내부 상황을 알릴 수 있었다.

기자회견

우주로 가기 직전에, 우주인이 묵는 호텔에서 유리 창을 사이에 두고 기자회견을 한다. 그런데 내가 가기 전 기자회견에는 다른 발사 때보다 훨씬 더 많은 외신 기자가 모였다는 이야기를 들었다. 비행이 한 달도 남지 않은 상황에서 여성으로 교체된 것이 큰 이유 같다는 게 러시아 언론 홍보 담당자의 추측이었다. NASA 홍보 담당자가 관심을 끌려고 일부러 계획한 일 아니냐고 물어볼 만도 했다. 흠…. 처음 들었을 때는 농담이라고 생각했는데, 어쩌면 진짜로 그렇게 추측했을 수 있겠다….

의외였던 일은 한국 최초 우주인의 발사를 앞둔 마지막 기자회견에서 벌어졌다. 이때 한국 측 언론은 SBS 다큐팀뿐이었다. 엄밀히 따지면 피디님들은 기자로 참석했다기보다는 우주인의 기자회견을 촬영하기 위해 오신 것이다. 의아하게 느낀 건 우주인 훈련소의 언론 담당자도 마찬가지였는지 '오늘이 발사 전 마지막 기자회견이고, 한국 측 기자들도 참석할 수 있다고 일정을 미리 알려주었는데 무슨 일인지 아무도 오지 않았다. 혹시 방문단에 대해 들은 게 있느냐'고 물었다. 기자회견이 진행된 날은 발사 이틀 전이었고, 행사가 끝나자 교관님이 오셔서 이제부터 발사 때까지 우주인들이 최상의 컨디션을 유지하는 게 가장 중요하기 때문에 가족과의 만남을 제외하고는 일절 다른 행사 일정은 없을 테니 마음 편하게 준비하라고 하셨다.

다음 날, 기다리던 가족을 만나는 시간이 다 되었는데 생각지도 않았던 우주인 훈련소의 대외협력부국장 막심 크할라모브가 방으로 찾아와 질문을 했다.

"너, 한국 측에 가족 만나고 싶지 않다고 이야기했어?"

"네? 아니요! 엄마랑 아빠 오신다고 해서 기다리고 있었는데, 아직 안 오셨어요?"

"그럴 줄 알았다. 놀라지 말고 잘 들어."

"무슨 일인데요?"

"한국 측 버스가 호텔에 도착했는데, 그 안에 가족 없이 기자들만 타고 있었어. 그래서 오늘은 가족 만나는 날이라 기자는 접견실에 들어올 수 없다고 이야기한 상황이야."

너무나 뜻밖의 일이었다. 설명을 듣고 보니, 일정에 혼선이 있어 발사 참관을 위해 카자흐스탄까지 오기로 했던 기자단이 전날 오후 기자회견이 끝난 뒤에 도착한 것이었다. 참석을 못 하게 된 기자단이 한국 측 담당자들에게 어떻게 말했을지는 충분히 상상이 되었다. 결국 가족을 만나는 시간이 유일하게 외부인이 호텔 접견실로 올 수 있는 기회라 담당자들은 우리 가족 대신 기자단과 함께 온 것이었다. 상황을 설명하며 어떻게 대처할지 아이디어를 설명해준 막심은 러시아 쪽 담당자라기보다 우주 비행과 한국에서의 내 이미지를 걱정하는 매니저가 아닌지 착각이 들 정도였다.

> "비행이 끝나면 너는 한국의 우주인으로 한국에서 활동을 해야 하는 상황이라, 이럴 때 기자를 만나지 않겠다고 할 수 없다는 걸 잘 안다. 일단 러시아 측의 규정이기 때문에 가족을 만나는 시간에 기자만 들여보낼 수는 없다고 내가 한국 측에 완강하게 이야기할 거야. 그런데 소연이 기자들도 만나고 싶다고 하니 어쩔 수 없이 예외적으로 가족과 동행하면 접견실에 들어올 수 있게 해주겠다고 할 테니, 넌 그렇게 알고 있어. 가서 네 부모님을 모셔오려면 시간이 좀 걸리니까 그때까지 방에서 기다려. 다 준비되면 데리러 올게."

한참이 지나자 러시아 교관님 한 분이 부모님이 도착하셨으니 내려가자고 하셨다. 접견실의 우주인 쪽에 앉아 큰 유리창 밖을 보았다. 부모님과 동생은 저 뒤쪽에, 앞쪽에는 기자분들이 빽빽하게 모여 계셨다. 갑자기 막심이 마이크를 잡고 "가족만 만날 수 있는 시간에 기자들이 온 상황이니 딱 5분만 시간을 드리겠습니다. 5분 동안 필요한 질문을 하시고, 사진 찍고 나가시기 바랍니다"라고 공지했다. 유리창 넘어 한국 측 통역사가 이 내용을 전달하자마자 기자분들은 어떻게 5분 만에 기자회견을 마치느냐고 항의를 시작했고, 한국 측에서는 러시아의 방침이라 달리 방법이 없다고 했다. 다행히 기자 한 분이 이러다 기자회견도 못 하고 나가겠다며 얼른 질문하고 사진 찍자며 상황을 정리하셨다.

5분가량 지나자 막심이 시간이 끝났으니 나가시라고 했지만, 추측한 대로 아무도 나가지 않고 질문하며 사진을 계속 찍었다. 그러다 한 5분쯤 더 지나고 나니 접견실에 불이 완전히 꺼져서 아무것도 볼 수 없는 상황이 되었다. 기자분들은 투덜거리시면서 빛이 들어오는 출입구로 나가기 시작했고, 나도 끝났다 생각하고 일어서는데 막심이 "잠깐 자리에 앉아 있어!"라며 다급하게 내 손을 붙잡았다. 이내 기자분들이 다 나가셨는지 유리창 반대쪽이 조용해지고 문이 닫혔다. 그리고 다시 불이 켜졌는데, 러시아 교관님 세 분이 각각 엄마, 아빠 그리고 동생 손목을 잡고 창 쪽으로 다가오고 계셨다.

막심이 나를 보고 씨익 웃더니 "편하게 이야기해. 시간은 얼마든지 있으니 신경 쓰지 말고" 하셨다. 한국 측에서 함께 버스 타고 온 기자단과 담당자들이 문밖에 기다리는 상황임을 잘 알고 있었기에 걱정 가득한 표정에 눈물이 그렁그

렁하신 엄마, 아무 말 하지 않으시지만 마음이 너무 잘 느껴지는 아빠, 그리고 부모님 수행을 위해 러시아까지 함께 온 막냇동생과 짧지만 너무나 감사한 시간을 보냈다. 가족이 나가고 뒤돌자 막심과 눈이 마주쳤다. 갑자기 눈물이 핑 돌았고, 고맙다고 이야기했다. "스파시바 발쇼이"를 몇 번이나 반복했지만 충분할 것 같지 않았다. 어떻게 이런 생각을 했느냐고 물었더니, 막심은 자신감 넘치는 미소를 지으며 대답했다.

"이런 상황이 처음이었겠어?"

러시아를 통해 최초 우주인을 보낸 많은 나라가 비슷한 과정을 밟는 것이, 좀 무안한 상황을 만든 게 우리뿐이 아니구나라는 생각에 위안이 되기도 했다. 그러나 또 한편으론 한국은 다른 나라들과 달리 성숙한 모습을 보였으면 좋았을 텐데 싶어 아쉬움도 들었다.

마지막 식사

과거 러시아 우주인이 로켓을 타고 우주로 발사되던 초창기에는 살아서 돌아올 수 없는 확률이 꽤 높았다. 그래서인지 전통적으로 발사 직전 우주인에게 해주었다는 서비스나 그들이 했다는 일이 마치 죽음을 준비하는 것과 비슷한 느낌이 드는 부분이 많았다.

　　카자흐스탄 우주인 호텔에서 식사를 준비하는 주
방장은 러시아 최고의 셰프를 모셔온다고 했다. 1년 넘게 훈
련소에서 먹고 지내던 러시아 음식에 어느 정도 적응이 되었
지만, 여전히 이곳 음식은 내게 맛있거나 편안하지는 않아
크게 실감하지 못했다. 하지만 러시아에서 최고로 귀한 음식
이라는 철갑상어 알이 매끼 올라왔고, 여러 면에서 확실히
훈련소에서 먹던 것과는 달라 보였다. 그리고 간간이 주방장
님이 뭘 먹고 싶은지 우주인들에게 물어보시기도 했다.

　　평소 훈련소에서도 고기가 주된 메뉴였기에 부담
스러웠는데, 발사 전 식단은 그때보다 더 고기 일색에 기름
진 음식이 가득했다. 어느 날은 갈비탕과 비슷한 스프, 흰쌀
밥 그리고 당근을 식초와 오일로 버무린 샐러드에 고춧가루
가 살짝 뿌려진 메뉴가 나와서 그래도 다른 음식에 비해 한국
적이라는 생각이 들었던 적이 있다. 나중에 교관님이 이야기
해주셔서 알았는데, 매번 식사를 거의 안 하고 후식으로 나오
는 요거트와 과일만 먹는 나를 걱정한 주방장님이 카자흐스
탄 고려인들을 찾아가 한국 음식을 배워 와서 해주신 거라고
했다. 비록 이것조차 느끼해서 많이 먹지는 못했지만 그 마음
이 너무 감사했다. 일제강점기, 중앙아시아 카자흐스탄에 던
져진 고려인들은 재료를 구할 수 없어서 식초와 식용유로 당

근을 버무린 샐러드로 김치를 대신한 듯하다. 러시아와 카자흐스탄에서는 이것을 '한국당근김치'라고 부르고, 이름 덕분에 한국 음식으로 알려졌다고 한다. 나도 훈련소 근처 시장이나 모스크바 상점에서 같은 이름으로 파는 당근 샐러드를 본적이 있다. 그때마다 함께 있던 러시아 우주인이나 친구 들은 한국 음식인데 안 사느냐고 묻기도 했다.

매끼 우주인 호텔의 기름진 음식 때문에 힘들었던 나와 담당의 정기영 원장님은, 어쩌면 짧다고 할 수 있는 2주였지만 그 사이에도 얼큰하고 매콤한 한식이 너무나 그리웠다. 그러던 중 항공우주연구원 측 통역 직원 한 명이 필요한 물건을 전해주러 호텔에 잠깐 들렀고, 그 외에 음식을 좀 가져왔다며 건네주면서 김치도 있을 거라는 이야기를 했다. 나는 열어보지도 않고 바로 들고 원장님 방으로 달려갔다.

"원장님! 김치가 생겼어요!" 하고 함께 열었는데, 일회용 포장 용기에 든 음식은 모두 고기였다. 정기영 원장님은 청주 항공우주의료원에서 우주인 선발 과정을 주도하실 때부터 훈련 과정 및 의료 검사를 확인하러 러시아 우주인 훈련소에도 몇 번 오셨다. 원장님을 알고 지내는 근 1년 동안 복잡하고 화가 날 만한 일이 꽤 많았지만 한 번도 언성을 높이시는 모습을 본 적이 없었다. 유일하게 원장님의 큰 소리를 들었던 기억이 바로 이날 포장 용기에 김치 대신 온통 고기만 있었을 때, "김치라고 했다면서!" 하신 순간이었다.

　　분명 김치라고 했는데, 나도 실망이 이만저만이 아니었다. 나중에 알고 보니 가지고 오는 과정에서 다른 음식과 실수로 바뀐 모양이었다. 다행히 봉투에는 라면도 몇 개 있었다. "뜨거운 물은 부엌에서 구할 수 있으니 아쉬운 대로 봉지 라면이라도 먹을까요?"라고 물어보면서도, 과연 공군 대령인 원장님이 이걸 드실까 염려스러웠는데 "그거라도 먹읍시다!" 하셨다. 내겐 봉지 라면이 긴 기숙사 생활의 동반자였지만 원장님은 한 번도 드셔보신 적이 없는 듯했다. 원장님과 마주 앉아서 뜨거운 물이 가득한 봉지 끝을 조심스레 잡고 라면이 익기를 기다리고 있으니, 웃음이 났다. 원장님도 어이없다는 듯 웃으시며, 공군 대령으로 청주 의료원에서 지내면서 사병들이 봉지 라면에 뜨거운 물을 넣어 먹는다는 이야기를 들어보긴 했지만 이렇게 먹게 될 줄은 전혀 몰랐다고 하셨다. "소연 씨 덕분에 내가 참 재미난 경험을 많이 하네요" 하시는데 감사한 동시에 죄송했다.

2008년 4월 8일 아침, 드디어 그날이 되었다. 전날 밤 내 담당 의사인 러시아 공군 군의관 대위님은 매일 그랬던 것처럼 내 방으로 오셔서 컨디션은 어떤지, 어디 아픈 곳은 없는지를 살피고 다음 날 의료와 관련해서 어떤 검사나 훈련을 하게 될지 간단히 설명해주셨다. 그리고 아침에는 일찍 깨더라도 침대에서 나오지 말고 누워서 충분히 휴식을 취해야 한다는 이야기를 몇 번이나 되풀이한 뒤 되도록이면 최대한 늦게까지 자는 게 좋다고 하셨다. 발사 날 늦잠 자다 지각하는 우주인이 있겠느냐고 웃으시면서, 내일 아침 본인이 방에 와서 깨워줄 거라서 절대로 지각할 일은 없을 테니 마음 놓고 편히 쉬라고 농담까지 하셨다. 러시아 군인들이 대답할 때처럼 거수경례를 하며 "야 포날!(네, 알겠습니다)" 했더니, 언제나처럼 "넌 여자니까 '파닐라'라고 해야지!" 하셨고, 같이 웃으면서 발사 전날 밤을 마무리했다.

수업 시간에 문법을 배우지만, 아무래도 다른 우주인이나 교관들과 생활하며 언어를 익히다 보니, 내 러시아어는 군인 말투와 비슷했다. 가장 자주 하는 실수가 '네, 알겠습니다'였다. 대부분 러시아에서의 친구와 동료들이 남자라 '야 포날!' 하고 거수경례를 하는 걸 보고 나도 그렇게 했는데, 러시아어는 말하는 사람이 여성일 때와 남성일 때 동사의 어미가 달라지는 문법이 있다. 한국에서 남자들이 "그랬니?"라고 한다고 틀린 건 아니지만 여성스럽다고 느끼는 정도라면, 러시아에서는 남자가 "그랬니?" 하면 문법에 어긋나는 것이라고나 할까?

그래서 '네! 알겠습니다'라고 할 때 여자는 "야 파닐라!"라고 하는 게 맞는다. 주변에서 다 남성형 어미를 쓰다 보니, 나도 무의식적으로 그렇게 하게 되었다. 흡사 한국에서 오래 산 외국인 남자들이 아내에게 한국말을 배워서 여성스럽게 말하는 것과 비슷하다고 할 수 있겠다. 가끔 모스크바 시내에 나가 쇼핑을 할 때면, 점원들이 "넌 대체 러시아어를 어디서 배웠길래, 동양 여자가 러시아 군인처럼 말하는 거야?" 하고 묻기도 했다.

어쨌든 그렇게 평소처럼 농담을 하며 하루를 마무리했고, 난 우주로 향하는 엄청난 날을 앞두고 컨디션 조절을 위해 푹 자두어야겠다고 생각하며 잠자리에 들었다.

다음 날 아침, 대위님은 내 방문을 노크하고 들어오시더니 놀란 목소리로 물으셨다.

"설마 아직까지 자고 있었어?"

"방으로 올 때까지 자라고 명령했잖아요. 그래서 따른 건데."

"그렇다고 지금까지 자는 우주인은 처음 봤다!"

이렇게 둘이 웃으면서 하루가 시작되었다. 오늘 첫 일정이 관장인데 본인이 직접해주어도 될지, 아니면 해줄 만한 여자 간호사가 있을지 찾아볼까 물으시기에 '어차피 그동안 의료 검사 하느라 내 몸 구석구석 다 보았는데, 이제 와서 무슨 의미가 있겠느냐고, 괜히 사람 찾다 시간 걸릴 텐데 직접 해줘도 괜찮다'고 했다. 대위님은 잠시 후 이것저것 주섬주섬 싸 와서 관장을 해주셨다. 그리고 샤워한 다음 온몸을 닦아야 한다며, 거즈 한 뭉치와 알코올을 방에 두고 가셨다.

샤워 후 내 손이 닿는 몸 구석구석을 다 알코올로 닦고, 우주복 안에 착용하는 내복을 두 겹 입었다. 내복 두 겹에 비행복을 입고 에네르기아로 이동해서, 비행복과 두 겹 중 바깥의 내복을 벗고 우주복을 입는다. 비행복을 입고 준비가 다 되었을 때쯤 몇몇 교관님이 방으로 날 데리러 오셨고, 매직펜을 손에 쥐어주셨다. 그리고 발사장으로 가는 우주인들의 전통이라며 내 방문에 사인을 하라고 하셨다. 방문 위쪽에 커다랗게 사인을 하고, 그 아래 내 이름을 한글로 쓰면서, "이건 내 이름 이소연"이라고 알려드렸다. 그렇게 내 이름은 우주인 호텔에 처음으로 쓰인 한글이 되었다.

　　　우주인 호텔 1층 로비에 내려갔더니, 러시아정교회 신부님이 우리를 기다리고 계셨다. 선장 세르게이 볼코프, 엔지니어 올레그 코노넨코 그리고 나를 위해 기도를 해주시더니 커다란 붓 같은 데 성수를 묻혀 얼굴에 뿌리셨다. 게임에 져서 벌칙받는 것 같은 상황이라 웃음이 나왔다. 러시아정교회의 전통적인 방법인데 웃는 게 예의에 어긋나는 건 아닐까 조심스러워서 옆의 세르게이와 올레그를 쳐다봤다. 이 친구들도 웃고 있어서 다행이었다.

　　　건물 밖에 발사장으로 향하는 버스 2대가 서 있었는데, 앞쪽 버스는 탑승 우주인이 타고, 그 뒤는 예비 우주인들이 타게 될 것이었다. 발사장에 가는 동안 어떤 상황이 벌어질지 모르니 탑승 우주인과 예비 우주인이 한 버스에 타지 않는 것이 전통이라고 했다. 다행히 탑승 우주인 버스에는 내 담당 의사인 정기영 원장님도 함께 타셨고, 옆자리에 앉으셨다. 우주인 호텔에서 발사장으로 가는 버스에는 발사와 관계된 러시아 교관과 담당자 들 외에 외국인은 탈 수 없는데, 의료인의 경우는 예외라 유일하게 한국인으로는 우주인 말고 정기영 원장님만 타셨다. 버스에서 "이 박사 덕분에 발사장에 가장 가까이 가는 한국 사람이 되었네" 하시며 웃으셨다.

호텔 입구에서 버스까지 걸어가는데, 어느 정도 거리를 두고 다큐팀 피디님도 보이고, 호텔 바깥쪽 멀리에 응원하러 온 한국팀이 손을 흔들고 있었다. 피디님이 "소연 씨! 어젯밤에 무슨 꿈 꾸셨어요?"라고 멀리서 소리 지르듯 질문하셨고 난 "어젯밤에 꿈도 안 꾸고 아주 잘 잤어요"라고 대답한 기억이 난다. 다큐멘터리에 나오는 장면이라, 내 기억이 왜곡되지 않은 몇 안 되는 순간이기도 하다.

버스가 호텔을 떠나 에네르기아 조립동으로 가는 길에 창밖을 보니, 같은 도로에서 지나가던 차들이 모두 갓길에 서고, 사람들이 내려서 버스를 향해 손을 흔들었다. 우주인이 탄 버스가 가는 길에 달리는 차는 딱 2대뿐이었다. 구급차도 아닌데, 모두 갓길에 서서 도로를 내어주는 것에 더해 다들 내려서 버스를 향해 손까지 흔드니 기분이 묘했다.

훈련소에서 가장 친한 우주인이었던 올레그 아르테미예프가 떠올랐다. 함께 훈련받는 동안 자주 아기자기한 동네 축제에도 데려가주고, 본인 집에 저녁 초대를 하고, 주말이면 약속도 없이 찾아와 방문을 두드리며 다짜고짜 나가자고 하던 친구였는데, 어릴 적 카자흐스탄에서 자랐다고 했다. 자기가 아이일 땐 우주에 가는 우주인이 세상에서 제일 싫어서, 나중에 이렇게 우주인이 될 거라곤 생각도 못 했단다.

소비에트연방 시절, 러시아 우주인이 우주 비행을

하는 것은 공산주의의 우월성을 전 세계에 과시하는 수단 중 하나로 쓰였다. 소비에트연방 국가인 카자흐스탄에서 우주인 발사를 하는 날이면, 바이코누르 발사장 주변 모든 학교 학생들은 의무적으로 버스가 지나가는 길에 나가서 국기를 흔들어야 했다고 한다. 초등학생인 올레그는 몇 달에 한 번씩 그렇게 끌려가는 게 너무 싫어서, 그 버스에 탄 우주인도 싫었다고 했다. 그때처럼 학생들이 우르르 나와서 러시아 국기를 흔드는 것은 아니었지만, 길에 차를 세우고 버스에 손을 흔들거나 거수경례를 하는 카자흐스탄 사람들을 마주하다 보니, 올레그의 어린 시절 이야기가 떠오르며 웃음이 났다.

　　버스가 에네르기아 조립동에 도착하고, 우주인들 은 우주복이 나란히 의자에 앉혀진 방으로 들어가 교관님들 의 도움을 받으며 우주복을 입었다. 그리고 한 명씩 유리벽 너머로 사람들이 가득한 곳에서 우주복 성능 테스트를 했다. 내가 테스트를 하는 동안에는 한국 정부 부처에서 대표단으 로 오신 분들과 우리 부모님, 남동생이 앞쪽에 보였다. 교관 님께서는 발사 전에 가족과 관계자들 앞에서 우주복이 안전 하고 문제없음을 공개적으로 확인하는 과정이라고 말씀하 셨다.

　　세 우주인의 우주복 성능 테스트가 모두 끝나고, 우 주복을 입은 채로 유리창 뒤 가족과 관계자들을 향해 손 흔들고 사진 찍는 시간이 있었다. 걱정이 가득한 표정으로 손을 든 엄마의 표정이 기억난다. 그리고 그 방을 빠져나와 잠시 세르게이, 올레그와 앉아서 대기하고 있는데, 세르게이가 말했다.

"소연, 아까 유리창 너머로 이러이러한 옷을 입고 앞에서 몇 번째 줄 중간쯤 앉았던 사람은 누구야?"
"왜요?"
"그 사람은 네가 대한민국 최초로 우주 비행을 하는 게 마음에 안 드나 보더라. 계속 인상을 쓰고 있었어."

의외의 질문에, 차마 누구라고 설명할 수 없었다. 내가 왜 그분의 표정을 기억 못 하는지 생각해보니, 맨 앞줄에서 걱정이 가득한 엄마 아빠에게 웃으면서 손을 흔들며 안심시켜드리느라 다른 사람을 볼 겨를이 없었던 것 같다.

발사대로 가기 전 마지막 공식 행사를 위해 에네르기아 조립동 뒤쪽 광장으로 나왔다. 건물 입구에서 교관님이 누가 어디에 서서 어느 방향으로 걸어갈지, 그리고 버스 가까이 서 계신 러시아 우주청장님과 우주인 훈련소장님, 에네르기아 대표 앞 어느 정도 거리에 서야 할지 등을 설명해주셨다. 각각 우주인의 바로 뒤로 담당 의사도 함께 걸어 나가서 지원해야 한다고 했고, 내 뒤에는 누구보다 든든한 정기영 원장님이 서주셨다. 세르게이가 거수경례를 하며 우주로 파견되는 군인으로서 인사를 하고 우리는 옆에서 마지막 말만 같이 했다. 여기서 발사대로 향하는 버스에 다시 탈 때, 그곳까지 함께 온 많은 교관님과 담당자는 에네르기아에 남겨졌다.

이때부터 버스에 탄 사람은 나를 포함한 3명의 비행 우주인, 우주인들의 담당 의사 그리고 우주인 훈련소의 부소장 코르준Valery Korzun 장군님, 두어 명의 교관이 전부였다. 코르준 장군님은 그 버스의 지휘관으로, 문 앞 자리에 앉으셨다. 코르준 장군님의 별칭은 '소연이의 러시아 아빠'였다. 훈련소와 모스크바 시내, 바이코누르 등의 모든 우주인 관련 행사에서 우주인 훈련소 부소장으로서 책임자 역할을 맡고 계셨다.

모든 행사 시작 전부터 끝난 이후까지 우주인들이 뭘 어떻게 해야 하는지 마지막으로 확인하고 디테일을 챙기던 섬세한 리더이자, 혹여 실수가 있거나 상황이 잘못될 때면 불같이 호령하는 무서운 분이기도 했는데, 그 어떤 때라도 나에게는 나긋나긋하고 친절하셨다. 가끔은 0.1초 전까지 교관들에게 큰소리치시다가도, 내가 질문이 있어서 "발레리 그리고리예비치!" 하고 부르면, 고개를 돌리자마자 바로 따뜻한 미소를 띠며 "소연, 왜?" 하고 부드러워지셨다. 그래서 가끔 코르준 장군님이 불호령을 내리실 때, 그 자리에 있는 교관들이 날 툭 치며 눈빛으로 SOS를 요청하기도 했다.

바이코누르 우주인 호텔에서는 매일 아침저녁으로 의료 장교 대위님과 호텔 근처 공원을 산책하는 시간이 있었는데, 그때마다 대위님은 재킷과 모자를 확실히 착용했는지 확인하셨다. 사실 날씨가 그리 추웠던 것도 아니라서 내가 "오늘은 좀 더운데 재킷 안 입고, 모자 안 써도 되지 않을까요?" 했더니, 절대 안 된다고 하셔서 "대위님은 지금 반팔 입었잖아요!"라고 항의를 좀 한 적이 있다. 대위님이 대뜸 "입기 싫으면 너네 아빠한테 가서 말하고 허락받아. 너 모자 안 쓰고 건물 밖으로 나온 거 너네 아빠가 보면 우리가 혼나"라고 하셨다.

발사 참관을 위해 세계 최초로 선외 비행을 하셨던, 러시아 우주 영웅 중 한 분인 알렉세이 레오노프Alexei Leonov도 발사 며칠 전부터 우주인 호텔에 와서 함께 지내셨다. 그분 역시 손녀뻘인 날 살뜰하게 챙겨주셨는데, 어느 날 "내가 손니치카 러시아 아빠 해야겠다!" 하시기에, "제가 러시아 아빠는 이미 있어서, 러시아 할아버지 해주시면 어때요?"라고 했더니 실망하는 눈빛이셨다. "네 러시아 아빠가 누군데?"라고 물으셔서 "제너럴 코르준이요" 하고 말씀드렸더니 "그럼 내가 할아버지 해야겠네" 하실 정도였다. 그런 나의 러시아 아빠가 버스 맨 앞에 계시고, 바로 옆에는 그동안 쭉 내 건강을 책임져오신 정기영 원장님이 앉아 계셔서인지, 우주로 향하는 발사대에 가는 길인데도 불안하거나 긴장되지 않았던 것 같다.

그러다 갑자기 버스 앞에 설치된 텔레비전이 켜졌다. 나도 몰랐는데, 탑승 우주인 3명의 가족과 친구들이 안전하게 잘 다녀오라고 인사하는 영상 편지를 버스 안에서 보여주는 것도 러시아 우주 비행의 전통이었다. 올레그의 아내 타티야나와 귀여운 쌍둥이 안드레이와 알리사가 잘 다녀오라고 인사하는데, 터프한 러시아 남자 올레그는 괜찮은 척하려고 필사의 노력을 했지만 난 그의 눈가가 촉촉해진 걸 볼 수 있었다. 그 뒤로 올레그 친구들 몇몇의 영상 편지가 이어졌다. 그리고 바로 이어서 선장인 세르게이의 아내이자 내 친구 나타샤와 아들 이고르가 화면에 나타났다. 언제나처럼 나타샤는 따뜻한 미소로 남편에게 인사했고, 귀여운 내 조카 이고르도 손을 흔들며 아빠를 응원하는데, 갑자기 내가 눈물이 났다.

정기영 원장님은 가족도 아닌데 왜 소연 씨가 우느냐며 놀리셨다. 나랑 동갑인 나타샤는 그 몇 달간 여러 행사도 같이 다녔고, 발사 직전 리조트에서 가족과 함께하는 마지막 며칠 동안 혼자 온 나를 챙겨주었고, 이고르 역시 나를 잘 따랐다. 심지어 발사 직전 이고르는 그림과 편지를 나에게 가져다주라고 하기까지 했다. 그래서인지 그들의 모습을 보자 내가 막 고맙고 눈물이 났던 것 같다. 세르게이의 부모님과 몇몇 친구가 나온 뒤 영상은 끝났다.

갑자기 코르준 장군님이 버스 뒤쪽 교관들을 향해 왜 나에게 보여줄 영상 편지는 안 나오느냐고, 확인해보라고 하셨다. 교관 한 분이 버스 앞쪽으로 뛰어와 이것저것 살피시더니 받은 영상은 이게 다라며 여기저기 전화를 하셨다. 결국 한국 측에서 영상 전달을 안 한 것 같다고 결론이 나자 코르준 장군님이 내 자리로 오셨다. 분명히 가족 영상 찍어서 보내달라고 했는데, 문제가 생겼는지 못 받은 것 같다고 미안하다고 하셨다. 난 괜찮다고, 너무 신경 쓰지 말라고 몇 번을 말씀드렸는데도 내 옆에 서서 자리로 못 돌아가시고 계속 사과하셨다. 정기영 원장님도 자기 가족 영상이 아닌데도 저렇게 눈이 벌게지게 우는데, 편지가 나왔으면 우느라 어디 우주 갈 수 있겠냐고 농담을 하시면서 위로하셨다.

솔직히 당시 내 생각에도 혹여 그 화면에 서프라이즈로 우리 가족이나 친구들의 응원 영상이 나왔다면, 정말 펑펑 우느라 정신 못 차렸을 수도 있겠다 싶어 크게 실망하거나 서운하지는 않았다. 당장 몇 시간 뒤에 우주로 날아갈 로켓을 타야 하는 상황에 그리 큰 문제는 아니었다. 비행이 다 끝나고, SBS 방송사 카메라 감독님께서 다큐팀이 영상 편지 촬영하고 편집해서 항공우주연구원에 전달했는데 결국 버스에서 못 봤다는 소식을 들었다며 보여주셨는데, 그때도 같은 생각을 했다. 만약 그 영상을 버스에서 봤다면 난 분명 엄청 울었을 것이 분명했다.

그러던 중 주변에 아무것도 없는 평원 한가운데서 버스가 멈췄다. '아! 여기구나!'라는 생각이 들었다. 우주인 훈련소에서 지내는 1년 동안 여러 교관님과 동료 우주인들에게 들어서 익히 알고 있던 발사장 가는 길의 전통. 1961년 4월 12일, 인류 최초의 우주인 유리 가가린이 발사대로 가다가 갑자기 버스를 세우고 내려서 타이어에 소변을 보고 다시 출발했다고 한다. 그렇게 시작한 우주 비행이 성공적으로 마무리되자, 이후 러시아에서 우주 비행을 하는 모든 우주인에겐 발사대로 가는 길에 버스에서 내려 타이어에 소변을 보는 게 전통이 된 것이다.

이 이야기를 알게 된 이후, 여자인 나는 설사 우주 비행을 하게 되더라도 그대로 따를 수 없을 거라는 사실이 영 별로였다. 비행을 두 달여 앞두고 예비 우주인에서 탑승 우주인으로 바뀌는 동안 신경이 쓰였던 여러 가지 가운데 이 전통도 꽤 묵직하게 내 머릿속에 자리 잡았는데 도무지 어떻게 해야 할지 막막했다. 그러다 에네르기아 조립동에서 우주복으로 갈아입고 건물을 나서면서 문득 흉내라도 내야 할 것 같다는 생각에, 뒤에 따라오시던 정기영 원장님께 "작은 생수 한 병만 챙겨주세요" 하고 부탁을 드렸다. 원장님은 "버스에 마실 물 있다던데, 버스 타면 물 달라고 하세요" 하고 말씀하셨는데, 나는 "병이 필요할 것 같아요. 조금 전 리셉션장에 있던 생수병 하나만 꼭 챙겨주세요"라고 당부했다.

　　버스에 탄 뒤 바로, 생수병을 챙기셨는지 다시 한 번 확인했고 원장님은 가져왔으니 걱정 말라고 하셨다. 버스가 멈춰 서자, 세르게이와 올레그는 기다렸다는 듯이 자리에서 일어나 버스 앞쪽 문으로 걸어 나갔다. 나는 정기영 원장님께 생수병을 받아 들고 그 뒤를 따랐다. 세르게이가 내리고, 올레그가 내리고, 드디어 내가 내릴 차례였는데 코르준 장군님이 자리에서 벌떡 일어서더니 날 막으며 단호하게 말씀하셨다.

　　"소연은 여자라서 안 돼!"

　　"아, 저는 생수병으로 흉내만 낼 거예요."

　　"그래도 안 돼. 버스에서 내리면 안 돼!"

　　"전 그럼 세르게이와 올레그 반대편으로 돌아가서 할게요."

　　"안 돼. 버스에서 못 내려."

"저도 하고 싶어요. 진짜 잠깐 내려서 우주복 열지도 않고 생수병으로 물만 타이어에 좀 뿌리고 올게요."

"안 된다니까!"

50년 넘은 우주인들의 전통인데, 그리고 나도 소유스 타고 우주에 올라갈 우주인인데, 모든 우주인이 비행 전에 치르는 의식을 따를 수 없다고 하니 답답했다.

"저도 유리 가가린처럼 하고 싶어요!"

나긋나긋하던 러시아 아빠의 모습은 온데간데없이 안 된다고 막으셨다. 결국 코르준 장군님은 "그럼 내가 너 대신 내려서 하고 올게" 하시며 정기영 원장님께 날 데리고 가서 자리에 앉혀달라고 부탁하셨다. 더는 고집부리면 안 될 것 같아 속상했지만 자리로 가서 앉았다.

사실 발사대로 향하는 길에 버스를 세우고 내려서 우주복을 열고 타이어에 소변을 보는 것은 이론적으로는 해서는 안 되는 일이긴 하다. 버스에 오르기 전, 우주복을 단단히 입고 압력과 성능 체크를 다 했다면, 그대로 버스에서 내려 우주선에 오르는 것이 누가 봐도 안전한 절차다. 물론 소유스 우주선에 올라탄 이후, 발사 전 우주복 압력과 성능 확인을 다시 하지만, 그것은 만일의 상황에 대한 몇 겹의 안전 장치이지, 중간에 버스에서 내려 소변 보는 과정을 고려한 절차가 아니다. 하지만 워낙 위험하고 목숨이 걸린 우주 비행이다 보니, 처음으로 성공한 유리 가가린의 의식과 같은 절차를 그대로 따르는 것이 안전한 비행을 위한 기도처럼 되어버린 듯하다.

잠시 후, 세르게이와 올레그가 버스로 돌아왔고, 코르준 장군님도 버스에 다시 오른 뒤 모두 탑승했는지 확인하는 것처럼 버스 안쪽을 둘러보더니 "출발"을 외치셨다. 그리고 다시 내 자리로 오셔서 작은 들꽃을 건네주셨다. 전통을 따르지 못하게 해서 미안하다며, 이 꽃으로라도 마음 풀라고 하시면서. 우주인의 안전을 책임지는 입장에서 러시아 우주인은 잘못되어도 내가 어떻게 할 수 있겠지만, 한국 우주인이 버스에서 내렸다가 만에 하나라도 넘어져 문제가 생기면 외교 문제로 번질 수 있는 상황을 이해해달라고 말씀하셨다.

설명을 듣고 보니, 또 코르준 장군님의 입장이 이해되면서 잠깐이지만 고집부렸던 것이 죄송하기도 했다. 옆에서 지켜보시던 정기영 원장님은 꽃이 예쁘다고 하시며 사진 한 장 찍자고, 웃으라고 하셨다. 이 장면은 우주 비행 과정 중 가장 내 마음에 드는 사진이 되었다.

카자흐스탄 발사장에서 나에게 가장 놀라웠던 사

🌑 코르준 장군님이 주신 작은 들꽃

건은 세계 최초의 여성 우주인 발렌티나 테레시코바Valentina
Vladimirovna Tereshkova가 발사 현장에 오신 일이었다. 우주인
발사 현장에 종종 방문하신다고 들었지만 계획이나 준비 없
이 어딘가에 갑자기 나타나는 일은 없는 분이셨다. 발사장이
있는 곳이 러시아가 아닌 카자흐스탄 내 러시아 정부 시설이
라서, 참관을 오기 위해서는 발사 6개월 전 필요한 서류를 모
두 제출하고, 보안 확인을 마친 뒤 승인이 되어야 가능하다.
그래서 사전에 어디에서 누가 오는지 확인이 되는데, 테레시
코바 이야기는 없었다.

　　계획이 잡혀 있었다면 분명 주변 모든 러시아 교관,

● 발사장으로 가는 길

우주인이 테레시코바도 오신다는 말을 몇십 번은 했을 것이 분명하다. 과거 우주인 훈련소에서도 테레시코바가 참석하시는 행사의 경우는 몇 주 전부터 떠들썩한 분위기였는데 사람들이 무척 고대했기 때문이다. 나중에 알고 보니 한국 최초의 우주인이 젊은 여성으로 바뀌었다는 소식을 듣고 일정을 변경하여 갑작스레 방문하신 것이었다.

　　　발사대 앞에서 환하게 웃으며 반겨주시는 테레시코바 할머니를 보고 얼마나 놀랐는지 모른다. 테레시코바는 버스에서 내리는 나를 맞이하며 내 팔을 잡고 발사대까지, 마치 어릴 적 우리 할머니가 소풍 가는 날 학교에 데려다주셨듯 함께 가주셨다. 걷는 동안 계속 나에게는 '아무 일 없을 테니 걱정하지마'라는 말을 반복하셨다. 정작 나는 아무런 걱정이 없었다. 당시 찍힌 사진을 보면 테레시코바는 굳은 표정으로 내 팔을 잡고 계시고 나는 천진한 표정으로 웃고 있다.

웃지 못할 해프닝으로는, 그날 저녁 러시아 공영 텔레비전 방송에 발사장 장면이 나왔는데 러시아 영웅 테레시코바가 왜 러시아 우주인이 아닌 동양인 여자를 에스코트하느냐는 비판의 댓글이 달렸다고 한다. 지금 생각해도 그분이 카자흐스탄에 오셔서 발사 직전 함께해주신 일은 평생 잊지 못할 영광스러운 순간이었다.

발렌티나 테레시코바는 1937년생으로, 어렸을 때 아버지가 돌아가셨고 어머니는 목화 공장에서 일하며 가족을 부양했다. 테레시코바도 어려운 가정 형편 때문에 열일곱 살까지 학교를 다닌 뒤 타이어 공장과 섬유 공장에서 일했다. 하지만 공부에 대한 꿈을 잃지 않고 기술 학교의 통신 과정을 신청해 학업을 이어갔다.

소련은 1957년 세계 최초의 인공위성 스푸트니크를 발사한 뒤 1961년에는 유리 가가린을 인류 최초의 우주 비행사로 만드는 데에도 성공했다. 그리고 미국보다 먼저 여성 우주 비행사를 우주로 보낼 계획을 세웠다. 치열한 경쟁을 뚫고 선발된 테레시코바는 1962년 보스토크 6호를 타고

● 발사장에서 에스코트해주시던 테레시코바

◐ 비행 이후 다시 만난 테레시코바

70시간 50분 동안 지구궤도를 돌고 무사히 귀환하여 세계 최초의 여성 우주인이 되었다.

　　그러고 보면 테레시코바는 나보다 다섯 살이나 어릴 때인 25세에, 그것도 혼자 우주 비행을 한 것이었다. 그런 분이 세상 걱정스러운 표정으로 나를 보며 안쓰러워하셨다니…. 정말로 자신의 손녀를 우주로 보내는 느낌을 가지셨던 것 같다. 그때의 테레시코바를 생각하면 지금도 마음이 따뜻해진다. 그리고 그 이후, 테레시코바는 정말 내 할머니가 되어주셨다. 거의 매년 우주인 모임Association of Space Explorer에 참석해 뵐 때마다 건강은 어떠냐, 만나는 남자는 있느냐, 결혼은 안 할 거냐 물으시며, 이런 남자는 이래서 안 되고, 저런 남자는 저래서 안 된다고 하셨다. 내게는 한 나라의 우주 영웅이기 전에, 손녀를 정말 아끼는 할머니의 마음이 고스란히 다가왔다. 지금 남편과 결혼하기 직전 우주인 모임에 함께 갔을 때 테레시코바 할머니와 몇몇 러시아 우주인 어르신이 남편을 따로 불러 직업은 뭐냐, 한 해에 얼마나 버느냐, 소연이와 결혼은 할 계획이냐 등등을 꼬치꼬치 캐물으셨다. 남편이 말하기를, 그때 만났던 테레시코바 할머니에게 받은 인상은 장모님이 한 분 더 계신 느낌이었다고 했다.

그렇게 영광스럽게 세계 최초 여성 우주인의 에스코트를 받으며 버스에서부터 발사대 바로 앞까지 오게 되었다. 소유스 우주선에 탑승하기 위해서는 엘리베이터를 타고 로켓의 가장 상부까지 올라가야 했다. 발사대 앞에서 세 우주인이 나란히 서서 카메라에 손을 흔들며 기념사진을 찍고 이제 엘리베이터를 타려고 돌아서서 계단을 오르는데 갑자기 누군가가 뒤에서 나를 발로 찬 것 같았다. 하마터면 계단에 코를 박고 넘어질 뻔했다. 내가 "엇!" 하고 소리를 내며 급하게 계단 옆 난간을 잡고 겨우 중심을 잡자, 앞서 가던 세르게이가 "소연이 너 몰랐어?"라고 물었다.

'뭘 몰랐다는 거야? 그리고 대체 누가, 우주인이 우주선 타려고 계단을 올라가는데 뒤에서 발로 찰 수가 있지?'

당혹스러움을 넘어 화가 나려던 참이었다. 그간 그렇게 나에게 친절을 베풀며 도와주던 러시아 관계자가 뒤에서 발로 찼을 리가 없었지만, 그게 아니라면 누가 날 차겠는가? 엘리베이터를 타고 올라가는 길에 세르게이가 이야기해준 사실은 또 한 번 나를 놀라게 했다.

러시아에서는 먼 길 떠나는 친구나 가족이 안전하게 여행을 하고 무사히 집으로 돌아오길 바라는 마음으로 문을 나설 때 뒤에서 엉덩이를 발로 차는 장난스런 전통이 있다고 했다. 계단 앞에서 누군가 날 발로 찬 것은, 넘어지라고 짓궂은 장난을 한 게 아니라 무사히 잘 다녀오라는 바람이었다는 거다. 아니, 여자고 위험하니까 버스에서 내려 유리 가리린의 전통을 따르는 것은 못 하게 해놓고, 엘리베이터 계단 앞에서 발로 차며 안전을 기원한다고? 당황스럽기는 했지만, 모두 나의 안전과 무사히 비행을 마치고 돌아오길 기원하는 마음에서부터 온 것이라 믿고 감사하기로 했다.

나중에 알게 되었지만, 진짜 당신의 딸을 우주로 보낸 우리 엄마의 걱정은 내가 상상한 정도가 아니었다. 엄마는 1950년대 전라남도에서 농부의 딸로 태어나, 당시 그 지역의 많은 여성이 그러했듯 초등학교 졸업이 최종 학력이시다. 버스나 기차를 타고 외삼촌이 사는 서울에 가는 것도 꽤 먼 여행인, 평생 한반도를 벗어나는 일은 상상도 못 하셨던 분이다. 어쩌다 보니 딸이 우주로 가는 모습을 보기 위해 러시아를 거쳐 카자흐스탄까지 오게 된 것이 인생 최초의 해외여행이었다.

카자흐스탄 바이코누르 우주센터는 스푸트니크와 가가린이 우주로 간 곳이다. 테레시코바 역시 이곳에서 출발했다.

● 소유스 로켓

내가 우주 비행을 할 때 이미 50년이 넘는 역사와 전통을 자랑하는 곳이었다. 그러니 당연하게도, 요즘 영화나 미국 우주산업을 촬영한 다큐멘터리 같은 데서 흔히 보이는 깔끔한 우주 비행장의 모습과는 거리가 멀다. 그리고 영상이나 사진을 보면 알겠지만 소유스 로켓은 회색에, 특별한 칠도 하지 않았다. 이러한 로켓의 약 50미터 높이 꼭대기에 딸이 탄 모습을 보는 것은 우리 엄마로서는 상상할 수 있는 상황이 아니었다.

로켓이 발사되는 순간에는 우리 엄마 평생에 듣거나 본 적 없는 어마어마한 화염과 폭음이 일었다. 엄마에게 그것은 로켓 발사가 아니라 폭발이었다. 딸이 엄청난 폭발과 함께 하늘로 사라지는 모습을 보시곤 그 자리에 쓰러지셨다. 당시 엄마와 함께 발사를 지켜보던 우주인 담당의 정기영 원장님께서는 로켓이 무사히 발사되는 것을 보고 '이제 이 박사가 우주에 갔으니 여기서 내 일은 끝났구나' 했는데, 엄마가 쓰러져 계셔서 정신없이 대처하며 '의사로서 일은 아직 끝나지 않았구나' 하고 생각했다고 회상하셨다.

엄마는 아직도 내가 우주로 간 날을 딸이 죽을 뻔한 날로 기억하신다. 나중에 비행을 마치고 돌아온 뒤, 발사 때 엄마가 쓰러지셨다는 이야기를 들은 나는 성공적인 발사에 사람들은 다 축하했다는데, 엄마는 쓰러진 거냐고 타박했다. 엄마는 "너도 딱 너 같은 딸 낳아서 키워봐라"라며 서운해하셨다. 돌아보면 철없던 내가 참 창피하고 미안하다.

2008년 4월 8일, 나는 선장 세르게이 볼코프Sergey Volkov, 엔지니어 올레그 코노넨코Oleg Kononenko와 함께 소유스 우주선을 타고 국제우주정거장을 향해 발사되었다. 소유스 우주선을 우주로 보내주는 소유스 로켓은 3단으로 구성되어 있고 가운데 하나의 로켓을 원뿔 모양인 4개의 부스터가 둘러싼 형태다. 원뿔 모양 때문에 '당근'이라는 별명이 있다. 이 4개의 부스터가 1단 로켓의 역할을 한다.

　　　로켓의 기본 원리는 뒤쪽으로 추진제를 강력하게 분출하여 그 반작용으로 나아가는 것이다. 뉴턴의 운동 법칙 가운데 제3법칙인 '작용 반작용'이 적용된다. 무거운 로켓을 중력에 대항하여 위로 밀어 올리려면 엄청난 힘으로 추진제를 분출해야 한다. 추진제를 분출하는 역할을 하는 것이 바로 로켓 엔진이다. 로켓 엔진은 연소실에서 연료와 산화제를 태워 만들어진 기체를 노즐로 내뿜는다. 이 기체가 추진제 역할을 하는 것이다. 로켓 엔진은 로켓의 가장 아래쪽에 자리 잡고 있고, 그 위 대부분은 연료와 산화제를 담은 탱크가 된다. 보통 로켓의 높이는 수십 미터지만 대부분은 연료와 산화제가 차지한다.

소유스 로켓은 연료로는 케로신(등유), 산화제로는 액체산소를 사용한다. 상당히 많은 로켓이 케로신과 액체산소를 사용하는데, 우리나라에서 개발한 우리가 잘 아는 로켓인 누리호도 그렇다. 소유스 로켓의 1단은 약 2분 동안 우주선을 48킬로미터 높이까지 올려주는 역할을 한다. 이때 로켓의 속력은 약 초속 1.8킬로미터다. 일을 마친 1단 로켓 4개는 분리되어 지구로 떨어진다. 4개의 로켓이 동시에 분리되어 떨어지는 모습을 지상에서 보면 마치 꽃봉오리가 펼쳐지는 모습과 비슷하기 때문에 '튤립' 또는 '코롤료프 크로스Korolev Cross'라고 부른다. 소유스 로켓의 기본이 된 세계 최초의 대륙간탄도미사일ICBM R-7 세묘르카Semyorka를 만든 세르게이 코롤료프Sergei Korolyov의 이름을 딴 것이다.

미국과 소련이 로켓 개발을 위해 엄청난 레이스를 펼쳤지만, 사실 두 나라 로켓의 원조는 제2차 세계대전 당시 독일의 베르너 폰 브라운Wernher von Braun이 개발한 V2 로켓이었다. 제2차 세계대전 막판에 V2 로켓의 위력을 알아본 미국과 소련은 독일의 기술을 획득하기 위한 경쟁을 벌였다. 미국은 베르너 폰 브라운을 포함한 120여 명의 과학자를 포섭하는 데 성공했다. 한발 늦은 소련은 V2 생산 시설과 엔지니어들을 접수했다. 이 시설에서 만든 V2 로켓과 엔지니어들을 활용하여 R-7 로켓 개발을 성공시킨 사람이 세르게이 코롤료프다. 소유스 로켓은 이 R-7 로켓에 기반한다.

간혹 우리나라에서 자체 개발한 누리호가 러시아 로켓을 바탕에 둔 것이기 때문에 온전한 우리 기술이 아니라고 주장하는 사람들이 있는데, 그렇게 따지면 미국이나 러시아 역시 자기 기술만으로 로켓을 개발했다고 하기는 어렵다. V2 로켓 개발에 참여한 수많은 독일 사람을 데려간 미국이나 러시아보다 우리나라가 훨씬 더 순수한 우리 기술로 로켓을 개발한 것이 아닐까?

2단 로켓은 약 3분 동안 로켓을 궤도 높이인 400킬로미터 정도까지 올려준다. 도중에 우주선을 감싼 페어링이 분리된다. 우주선은 3단 로켓의 맨 위에 있고, 발사될 때는 대기와의 마찰로부터 우주선을 보호하기 위해 페어링으로 덮여 있다. 일단 대기권 밖으로 나가면 마찰을 걱정할 필요가 없기 때문에 무게를 줄이도록 분리해서 떨어뜨린다. 그때부터는 우주선 안에서 창밖을 볼 수 있게 된다. 우주의 기준이 되는 고도 100킬로미터를 훌쩍 넘겼으니 그때야 비로소 우주인이 되는 것이다.

마지막 3단 로켓은 우주선이 궤도를 돌 속력을 전해주는 역할을 한다. 궤도로 올라간 우주선이 지구로 다시 떨어지지 않고 지구 주위를 돌기 위해서는 충분한 속력을 가져야 한다. 궤도 속력은 뉴턴의 운동방정식으로 쉽게(?) 구할 수 있는데, 고도 400킬로미터 정도에서의 궤도 속력은 약 초속 7.5킬로미터다. 3단 로켓이 이 속력을 우주선에 전해주지 못하면 우주선은 다시 지구로 떨어져버린다. 발사 후 약 9분 만에 3단 로켓이 임무를 다하고 분리되었다. 이제 내가 탄 소유스 우주선은 지구궤도를 도는 하나의 인공위성이 되었다. 그리고 이때부터 무중력상태를 경험하게 된다.

소유스 우주선은 국제우주정거장 궤도보다 약간 낮은 궤도에 투입된 다음, 약 이틀 동안 고도를 높이며 우주정거장으로 다가가 도킹을 하게 된다. 도킹은 자동으로 이루어졌고, 그 기간에 특별히 할 일은 없었다. 돌이켜 보면 발사 후 도킹까지 그렇게 오랜 시간이 필요했을까 싶다. 최근 일본 만화 작가의 부탁으로 우주 관련 만화의 자문을 하는 과정에서 질문을 받았다.

"박사님! 소유스의 랑데부에 최소로 요구되는 시간은 어느 정도일까요? 아무리 위급해도 무조건 이틀은 궤도 비행을 해야 하나요?"

여기저기 알아보니 최근 소유스 우주선은 발사 후

도킹까지 하루 안에 이뤄지는 경우가 많다고 한다. 심지어 세 시간 후 도킹도 가능한지 테스트한 비행이 있었고, 성공적이었다고 한다. 우주 미션은 실패의 위험을 최소화하기 위해서 가능하면 예전부터 해오던 것을 바꾸지 않는 경향이 있다. 요즘처럼 상업 우주 비행이 부상하기 전까지는 그 시간을 단축할 요구나 의문이 없었던 탓에 오랫동안 이어진 같은 과정을 당연하게 여겼던 것 같다.

　　도킹 후 약 세 시간 동안 우주선과 국제우주정거장 사이의 기압을 조정한 뒤 해치를 열고 우주정거장으로 들어갔다. 이틀간의 궤도 비행을 기다려 도착한 것인데, 마지막으로 압력을 조절하는 몇 시간이 훨씬 더 길게 느껴졌다. 컴퓨터로 파일을 받을 때, 얼마나 다운로드되었는지 보여주는 것과 같은, 압력 조절이 진행되는 과정을 알려주는 화면을 보며 기다리는데, 어찌나 천천히 진행되던지…. 국제선 비행기를 타고 유럽이나 미국에 갈 때 열 시간이 넘는 비행을 견딘 승객들이 활주로에서 게이트까지 가는 그 몇 분을 못 참고 짐을 꺼내려 일어나는 느낌과 비슷하다고나 할까?

　　끝날 때까지는 끝난 게 아님을 알기 때문에 국제선 승객들보다는 조금 더 조바심이 났을 수도 있다. 만약 압력 조절 과정 중에 문제가 생겨서 해치를 열지 못하게 되면, 우주정거장 문 앞까지 왔음에도 다시 지상으로 바로 돌아가야

● 도킹 연결부

할 수도 있기 때문이다. 다행히 우리의 소유스 우주선은 성공적으로 압력 조절을 마치고 양쪽 해치를 열 수 있었다. 지상과 통신을 연결하자 반대편 우주정거장에 있는 우주인들이 우리를 환영하기 위해 기다린다고 했고, 정거장 쪽에는 생방송 카메라가 켜져 있으니 들어가면서 그쪽을 보고 손을 흔들어달라는 부탁도 잊지 않았다.

정거장에 있던 러시아 우주인 유리 말렌첸코Yuri Malenchenko, NASA 우주인 개럿 라이즈먼Garrett Reisman과 페기 윗슨이 우릴 격하게 환영했다. 로켓을 타고 올라가 우주에서 우주인들을 직접 만나는 순간은 평생 잊지 못할 감격을 안겨주었다.

우주바보의 하루

우주에서의 생활이라고 하면 아마도 대부분 '무중력'을 가장 먼저 떠올릴 것이다. 과학적으로 엄밀하게 말하면 우리가 흔히 말하는 우주에서의 무중력은 중력이 없는 게 아니라 중력이 없는 것과 같은 효과가 나타나는 상태다. 지구궤도를 도는 건 지구의 중력에 의해 끊임없이 자유낙하를 하는 상황이기 때문에 중력의 효과가 사라지게 된다.

우주에서는 이 무중력의 효과가 가장 먼저 '우주멀미'로 나타난다. 지구에서도 놀이공원의 자이로드롭이나 롤러코스터를 타면 잠시 무중력을 경험할 수 있다. 우리 몸이 지구 중력에 의해 자유낙하를 하는 동안 신체 내부가 무중력 상태가 되어서 배 속이 묘하게 불편한 것이다. 우주에서는 이 환경이 이어지기 때문에 일종의 멀미 같은 현상이 나타나게 된다.

아주 예외적으로 우주멀미를 전혀 못 느끼는 우주인들이 있기도 하지만, 대체로 가장 힘든 것 중 하나로 꼽는다. 대부분 매일 멀미약을 먹거나 주사를 맞기도 하는데, 졸리고 무기력해지는 부작용이 있다. 러시아나 미국 우주인의 경우 정거장에 도착하고 1~2주는 인수인계 기간으로 임무가 많지 않아서 부작용을 감수하고 멀미약을 복용한다. 그러나 나는 딱 9일간 체류하고 그동안 일이 빼곡히 차 있어 임무 수행에 지장이 생길까 봐 멀미약을 먹지 않기로 했다. 미국과 러시아 우주인들은 구토하는 날 볼 때마다 약을 계속 권했지만 버티고 있었다.

어느 날 저녁, 자려고 내 캐빈에 들어 갔는데 미국 우주인 페기 윗슨이 슬쩍 들어와서 문을 닫더니, 오늘은 편하게 자라며 멀미약 주사를 놔주었다.

● 국제우주정거장에서 내가 머물던 캐빈

주사약이 미국 제품이고 약물이나 의료 행위는 국가 간에 예민하게 관리하는 사항이라 사실 페기가 나에게 주사를 놔준 것은 꽤 조심스러운 일이었다. 페기가 우주정거장 선장이자 의사 역할을 맡은 우주인이라 필요하다 판단하면 주사를 놔줄 수도 있긴 했지만, 만약 눈에 띄는 부작용이라도 생기면 외교 문제가 될 수 있다. 혹시라도 발생할지 모를 복잡하고 피곤한 외교적 상황을 생각하면, 굳이 내게 주사를 놔줄 필요가 없었을 텐데도 모든 걸 감수하고 챙겨준 마음이 너무 고마웠다. 혹여 폐기가 곤란한 입장에 처할까 봐 처음에는 망설여졌는데, 당시 잠잘 때 거의 30분마다 깼고 계속 구토를 했던 입장에서 확신에 가득 찬 폐기의 표정은 날 안심하게 했다. 분명 폐기도 그러한 상황을 고려해서 카메라가 없는 좁은 캐빈에 들어와 주사를 놔준 것일 거다.

우주멀미는 일반적인 멀미와 증상은 비슷한데, 우주정거장에서는 버스나 배에서처럼 내릴 수가 없기 때문에 끝나지 않는다. 오래 배를 타는 선원들이 비슷한 심정이 아닐까 싶다. 그러나 이들과 다르게 우주에서는 창문을 열고 상쾌한 바람을 쏘일 수가 없다. 무중력상태여서 몸의 균형을 잘 잡지 못하는 것도 멀미를 더 심하게 만든다.

보통 멀미는 어지럽고 토할 것 같은 느낌인데, 우주에서는 뇌압이 높아져서 머리를 누르는 듯한 두통도 더해진다. 지구에는 중력이 있어 피가 다리로 몰리지 않도록 심장이 끊임없이 피를 위로 올리고, 중력이 없는 우주에서도 심장은 계속해서 피를 머리 쪽으로 보낸다. 그래서 필요 이상의 피가 뇌로 가 뇌압이 높아지며, 같은 이유로 얼굴도 많이 붓는다. 지구에서는 음식물을 소화시킬 때 역시 중력의 도움을 받는데, 우주에서는 위와 장 근육으로 밀어내고 이동시키는 힘에만 의지해야 하기 때문에 소화도 잘되지 않는다.

우주에서 감각이 둔해지는 것도 우주인들 대부분이 느끼는 현상이다. 아마 온몸이 멀미를 이겨내려고 애쓰는, 생존을 위한 것이 아닐까 싶다. 감각이 예민하면 멀미가 더 심해질 테니. 균형 감각이나 후각, 미각은 무척 둔해지고, 종종 높아진 뇌압과 안압 때문에 시력이 바뀌는 우주인들도 있다고 한다. 나는 시각이나 청각, 촉각에 큰 차이는 없었다. 원래 그렇게 예민한 사람은 아니었나 보다.

우주에 나가면 지구 중력이 나를 끌어당기지 않아서 붕붕 뜨니까 좋을 것 같았는데, 막상 떠 있는 채로 일상을 살다 보니 지구에서 함께했던 중력이 고맙다는 생각이 많이 들었다. 우주정거장에 있는 동안 우주인 사업 주관 방송사였던 SBS에서 매일 '우주 생방송'을 진행했는데, 카메라 앞 적정한 위치에 계속 서 있는 것이 참 어려운 일이 되었다.

두통 외에도 우주에 가보지 않은 사람들이 예상하기 힘든 몸의 변화 중 하나는 허리 통증과 함께 온다. 지구상에 사는 많은 이가 바라는 '키가 커지는 것'이다. 짧은 시간에 갑자기 키가 2~3센티미터 커지니 통증이 동반될 수밖에 없다. 어떻게 보면 우리는 중력 때문에 원래보다 작은 키로 사는 것이다. 정거장에 도착하고, 잠깐 쉬는 시간에 NASA 우주인 개럿 라이즈먼이 덥석 날 붙잡더니 따라오라고 한 적이 있다. 다짜고짜 우주정거장의 NASA 쪽 지역에서 내 키를 재고 "너 원래 키 얼마야?"라고 물어서 "164센티미터 정도?" 하고 대답했다. "그럼 넌 여기서 3센티미터쯤 자란 거야! 내가 이 맛에 우주인 하는 거잖아!" 하더니 껄껄 웃었다. 개럿은 남성 우주인 가운데 작은 키에 속하는 편인데, 우리끼리 "키 이야기를 안 하면 개럿이 아니지!" 할 정도로 이 주제는 그의 대중 강연 단골 멘트다.

엄밀히 따지면 중력이 없는 상황에서 원래 키로 돌아가는 것이지만, 평소 느끼는 키에서 늘어나는 과정이라 누군가가 머리와 발을 양쪽에서 잡고 쫙 잡아당기는 듯하다. 마치 고문받는 것처럼 신경과 근육이 늘어나 통증이 어마어마하다. 나는 약 3센티미터가 커졌는데, 우주인 가운데 비교적 젊은 나이여서 그랬는지 다른 우주인들보다 많이 커진 것이었다. 허리가 너무 아파서 페기에게 물어본 적이 있다.

"이렇게 아프면서 큰 키니까 지구로 돌아가도 조금은 남으면 좋겠는데."

"전부 원래대로 돌아가지!"

정말로 1밀리미터도 남지 않고 원래대로 돌아갔다. 디스크 환자에게는 오히려 좋을 수 있다. 실제로 조종사나 우주 비행사 중에 비행에 부적합할 정도로 심각하지는 않지

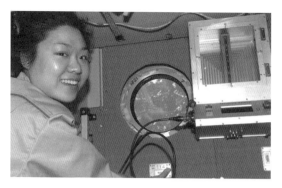

● 국제우주정거장의 창문

만 디스크 초기 증상을 가진 사람들이 있는데, 우주에 갔다 오면서 통증이 사라진 경우도 있다고 했다. 우주여행이 일반화되면 가벼운 디스크 환자의 증상이 사라지는 것을 우주 관광의 이점으로 마케팅을 할 수도 있겠다.

대개 우주에 가서 처음 이틀 정도는 잃어버린 물건을 찾는 데 시간을 많이 쓴다고들 한다. 우주 비행을 처음 한 우주인은 물론이고 두 번, 세 번 해본 사람이라도 지구에서 몇 년간 살다 올라가다 보니 마찬가지다. 교육받을 때 우주에서는 모든 물건이 떠다니니까 묶어두거나 벨크로(찍찍이)로 붙여놓으라는 주의를 귀에 못이 박히게 들었는데, 자기도 모르게 물건을 쓰고 그냥 내려놓게 된다. 평생 든 습관이 몇 번 교육받는다고 고쳐지지 않는다. 그렇게 가르친 교관들도 아마 우주에 가면 마찬가지였을 것이다.

그냥 내려놓은 물건은 어딘가로 날아간다. 그리고 거의 다 환풍구에 붙어 있다. 우주정거장의 환풍구는 바람이 나오는 쪽과 들어가는 쪽이 있는데 입구가 망으로 되어 있다. 그래서 웬만한 물건들은 바람이 들어가는 쪽 망에 공기의 흐름을 따라와 붙어 있다. 바람이 들어가는 곳은 우주정거장 안에 몇 군데 있는데, 나도 처음 며칠 동안은 걸핏하면 어느 환풍구에 붙어 있는지 돌아다니며 물건을 찾아다니기 일쑤였다. 가끔은 동료 우주인이 뭘 찾는지 묻고는 "그거 저쪽 환풍구에 있던데!" 하고 알려주기도 했다.

우리는 중력이 있는 환경에 익숙한데, 무중력은 지구에서 몸이 기억하는 가장 기본적인 습관을 무너뜨린다. 그래서 이것을 '우주바보space dullness'라고 한다. 아무리 똑똑한 사람이라도 내 몸과 물건이 예측대로 되지 않으니 우주에 가면 모두 바보가 되는 것이다. 그래서 평소에 질서 정연하게

● 우주정거장 벽에 붙어 있는 우주인들의 미션 패치

● 국제우주정거장에만 있는 스탬프

사는 사람이 무중력 환경에 적응하기는 더 어려울 수도 있겠다. 중력이 있는 곳에서도 물건을 어디 두었는지 자주 잊고 사는 건망증 대마왕이던 난, 그 덕분에 우주에서 물건을 찾아 돌아다니는 데 크게 스트레스를 받지 않았던 것 같다.

우주정거장 영상을 본 사람이라면 아마 소음이 꽤 심하다고 느꼈을 것이다. 환풍기가 상시 돌아가다 보니 언제 어디서 영상을 찍든 환풍기 소리를 피할 수 없다. 하지만 그동안 우주정거장의 소음에 대해 불만을 표출하는 우주인은 거의 없었다. 우주인 절반은 비행기 조종사였기 때문에 엔진 소음과 시끄러운 비행장 환경에 익숙하고, 나머지 절반은 엔지니어인데, 실험실 환풍기와 기계가 돌아가는 공간에서 생활하는 사람들이니 환풍기 소리에 익숙하다. 나 역시 대학원 때 클린룸에서 연구를 했기 때문에 '웅' 하는 소음에 적응한 사람이었다.

우주정거장의 소음은 생명을 유지시키는 소리이기도 하다. 우주인들은 환풍기나 기계 소리가 바뀌면 금방 알아차린다. 소리가 달라지면 '어디가 고장 났나? 뭐가 잘못 돌아가나?' 하고 생각하게 된다. 그러니까 안정된 소음 자체가 우주인들을 살리는 소리고, 변화를 감지할 수 있는 하나의 계측기 역할을 한다.

우주정거장에 있는 우주인은 삶과 죽음을 가르는

신호들을 감지하면서 외줄 타기를 하는 것이기 때문에 사소한 징후에도 민감하게 반응한다. 소리가 바뀌거나 색깔이 달라지거나 냄새가 변하는 것을 빠르게 감지해야 한다. 어떤 변화가 우주인에게 치명적일지, 아니면 괜찮은 것인지 일단 확인한다. 그래서 우주에서는 신체 변화 때문에 조금은 둔감해진 상황에서도 모든 감각을 완전히 켜고 아주 예민해져야 한다. 아니, 그래야 해서 예민하다기보다는 인간의 생존 본능으로 본인의 의지와 상관없이 저도 모르게 예민해진다고 하는 편이 더 맞겠다.

우주에는 많은 짐을 가져갈 수 없기 때문에 물건을 사용하는 것도 한정적일 수밖에 없다. 특히 나의 경우는 예비 우주인이었다가 갑자기 탑승 우주인으로 바뀌었기 때문에 가져갈 수 있는 물건의 양이 더욱 제한되었다. 심지어 겉옷은 미리 보내놓은 남성용을 입어야 했다. 그러던 중 페기 윗슨이 옷이 왜 이렇게 모두 칙칙하고 어두운 색뿐이냐고 물었다. 내 물건이 아니라고 대답했더니 빨간색 티셔츠를 하나 주며 텔레비전 인터뷰할 때는 밝은색으로 입으라고 했다. 정거장에 도착한 뒤 초반 며칠은 무중력에서 얼마나 빨리 날아가야 할지, 어느 정도 거리에서 멈춰야 할지 감이 없다 보니 걸핏하면 기둥과 벽에 부딪히기 일쑤였다. 그래서 팔꿈치와 무릎에 가볍게 멍이 들기도 했는데, 그걸 본 러시아 우주인 유리가

"너 긴 바지 없어?"라고 묻더니 바지를 슬쩍 내밀었다.

　　우리나라의 첫 번째 우주인 프로그램이다 보니, 러시아 측이 개인 물건 무게로 할당한 분까지도 정부와 항공우주연구원에서 실험 장비나 공식 물품을 보내는 것으로 다 채우게 되었다. 그래서 개인 물건을 가져갈 공간이 거의 없었다. 몇십 년간 우주로 보내는 짐을 소유스 우주선에 실었던 러시아인들은 이를 바로 알아차렸다. 우주선에는 이쑤시개 한 개도 어디 들어 있는지 모두 문서로 정리하는데, 짐을 싣다 보니까 한국 우주인의 개인 물품이 하나도 없음을 안 것이었다.

　　그게 안쓰러웠는지 교관 한 분이 어느 날 밤에 숙소로 찾아와서 작은 지퍼백을 하나 주면서 우주에 가져가고 싶은 것을 넣으라고 했다. 이 지퍼백에 들어가면 무게와 상관없이 책임지고 올려주겠다고 하시더니 "오늘 밤 우린 만난 적 없는 거야!" 하고 찡긋 웃으셨다. 그래서 다이어리와 가족 사진, 카이스트 캠퍼스가 찍힌 엽서 10장, 그리고 6개월간 함께 훈련받은 예비 우주인 동료들과 찍은 사진을 넣었다. 예비 우주인 두 분은 그때까지 한 번도 우주 비행을 하지 못했기 때문에 미안한 마음이 들어서 사진으로라도 함께 가면 좋겠다는 생각이었다. 거기에 우주가 건조하다니까 입술용 크림과 작은 로션 그리고 메모용 색연필과 포스트잇 하나를 넣으니까 작은 지퍼백이 가득 찼다. 이것이 내 개인 물건의 전부였다. 그래도 그분 덕분에 우주에서 일기를 쓸 수 있었다.

정부와 항공우주연구원이 올려 보낸 공식적인 물건의 상당량은 미묘한 시기가 원인인 것도 있었다. 우주인에게 필요한 화물을 보낼 때의 정부 부처명은 '과학기술부'였는데, 그사이 정권이 바뀌면서 이름이 '교육과학기술부'로 달라졌다. 그래서 이미 올라간 과학기술부의 로고와 패치를 모두 교체해야 했다.

우주정거장에 도착하고 처음 한 일 중 하나는 비행복의 패치를 전부 면도칼로 뜯어내고 새 패치로 꿰매는 것이었다. 내가 바느질을 하고 있으니까 동료 우주인들이 왜 패치를 미리 붙여 오지 않고 우주에서 하고 있느냐고 물었다. 정부 부처의 이름이 건물 외벽 돌에 새겨져 변한 적이 없는 미국의 우주인들에게 설명하는 것은 간단치 않았다. 우주에서 실행할 실험 장비에도 모두 '과학기술부' 스티커가 붙어 있었기 때문에 다 떼고 '교육과학기술부'로 바꿔야 했다. 지구와의 교신에서 번번이 "그거 다 뗐어? 확실히 다 붙였어?"라고 물어보곤 했다. 지금 같으면 내가 먼저 알아서 다 확인하고 지우고 바꿀 수도 있을 듯한데, 그때는 그게 그렇게 중요한 일인지 몰랐다.

우주에서의 첫날은 틈틈이 바느질하고 스티커 떼

고 새로 붙이고, 스폰서를 하기로 한 회사 중 마지막에 확정 되지 않은 곳들의 상호를 매직펜으로 지우는 일이 보너스(?) 임무가 되어 얼마 되지 않는 빈 시간을 채웠다. 계획에 없었 던 일이니 보너스라고 하자.

동그란 창밖 지구 생각

국제우주정거장에는 큐폴라Cupolar라는 모듈이 있다. 돔형 창을 통해 360도 우주 파노라마를 볼 수 있다. 맨 위의 창은 지구를 정면으로 마주하며, 지름 80센티미터로 우주정거장에서 가장 크다. 이 큐폴라 모듈은 내가 비행한 후인 2010년에 설치되었다. 내가 있을 때 가장 큰 것은 러시아 즈베즈다Zvezda 모듈에 있던 지름 40센티미터의 창이었다. 이 창을 통해 지구를 내려다보고, 우주 실험 목적으로 제작한 망원경을 설치해 대기 움직임을 관측하고, 지상 사진을 찍기도 했다.

그런데 우주정거장에서 지구를 내려다보아도 구형으로 보이지는 않는다. 지구의 지름은 1만 2,000킬로미터인데 우주정거장의 고도는 400킬로미터밖에 되지 않아서, 이 높이에서 한눈에 볼 수 있는 범위는 고작 500~600킬로미터이기 때문이다. 심지어 한반도도 한눈에 볼 수 없을 정도로 가까운 것이 아이러니했다. 완전히 동그란 지구는 볼 수 없지만 둥근 지평선이 보이기 때문에 지구가 둥글다는 것을 알 수는 있었다.

우주인들에게 우주에서 가장 좋았던 시간을 물어보면 대부분 우주에서 지구를 보던 때라고 대답한다. 나도 마찬가지다. 우리는 높은 산이나 고층 건물에만 올라가도 어딘가를 내려다보며 상쾌한 기분을 갖는다. 우주에서는 지구 전체가 발아래에 있는 느낌이기 때문에 산 정상에 올랐을 때와는 비할 수 없이 짜릿하다. 신기하게도 높은 곳에 올라간 모든 사람은 자신에게 낯익은 것을 찾는다. 내가 아는 지형, 내가 아는 건물, 내가 아는 동네. 우주에서도 똑같다. 당연히 나는 우리나라를 찾았다. 한반도 전체가 한눈에 보이지는 않지만 지도에서 본 지형을 알아볼 수는 있다. 지도에서 본 모양과 똑같이 생긴 게 당연한데 그게 참 신기하다.

우주에서 나에게 익숙한 지형을 찾으면서 새삼 깨달은 것은 우리나라가 참 작다는 사실이다. 국제우주정거장이 지구 주위를 도는 속력은 약 시속 2만 8,000킬로미터로 아주 빠르다. 이렇게 빠르게 돌아야 떨어지지 않고 지구 주위를 계속 돌 수 있다는 것을 계산하는 시험까지 본 이과생이었지만, 여전히 그 속력엔 감탄하게 된다. 지구 둘레가 4만 킬로미터이기 때문에 90분 정도면 한 바퀴를 돈다. 처음 1미터를 정할 때 북극에서 적도까지 거리의 1,000만 분의 1로 정했기 때문에 지구의 둘레가 4만 킬로미터로 딱 맞게 떨어지는 것은 우연이 아니다.

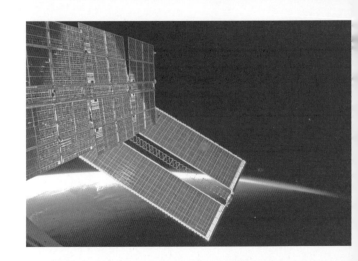

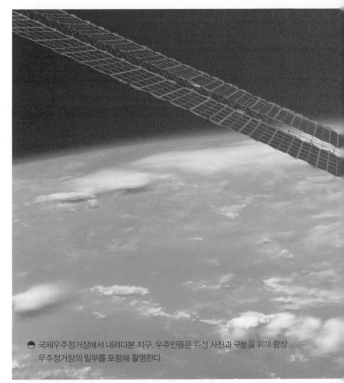

● 국제우주정거장에서 내려다본 지구. 우주인들은 위성 사진과 구분을 위해 항상 우주정거장의 일부를 포함해 촬영한다

90분마다 지구를 한 바퀴 도는 국제우주정거장에서는 2~3분에 한 번씩 상공을 지나가는 나라의 이름을 알려준다. 러시아와 중국을 각각 약 10분씩 호명하는 것을 듣고 있다가 한국을 불러서 카메라를 들고 창가로 가면 이미 지나가버리기 일쑤다. 사실 일본도 크지는 않아서 한국을 호명하면 일본을 부르지 못하고, 한국을 말하지 않고 일본을 알려주기도 한다. 한국과 일본은 우주에서 이름 불리는 것으로도 경쟁하게 되는구나 하는 생각을 하며 혼자 실없이 웃기도 했다. 그래도 유럽과 아프리카처럼 개별 국가명을 아예 부르지 않는 것보다는 나은가 하며 위안을 받기도 했다.

우주에서 내려다보는 지구 중 가장 감명받은 장면은 야경이다. 인공조명이 뚜렷하게 보이기 때문에 이 넓은 지구의 어디에 사람이 많이 사는지 명확하게 알 수 있다. 해안에 도시가 많아서 대륙의 윤곽이 잘 드러나는 것도 신기하고, 나일강을 따라 밝은 조명이 펼쳐진 아프리카도 인상적이다.

그런데 지구의 야경 중 많은 우주 비행사가 가장 인상 깊다고 이야기하는 것은 안타깝게도 한반도의 모습이다. 남한과 북한의 야경은 세계에서 가장 대비가 뚜렷하게 드러난다. 마치 남한이 바다에 떠 있는 섬처럼 보인다. 로이터는 〈우주정거장에서 찍은 한반도의 밤〉을 2014년 올해의 사진으로 선정하기도 했다. 조명이 별로 켜져 있지 않은 다른 지

● 국제우주정거장에서 본 우리나라의 야경 ⓒ NASA

역도 많지만 한반도는 대비가 너무 뚜렷해 더 눈에 띈다.

　　　우리나라의 야간 조명은 세계 최고라고 할 정도로 밝다. 어떤 사람들은 이것을 경제력의 상징으로 보기도 하지만 사실 꼭 그렇지만은 않다. 환한 야간 조명은 그만큼 많은 사람이 밤에도 일을 하고 있음을 보여주기도 한다. 부의 상징이 아니라 무한 경쟁과 스트레스의 표지일 수도 있는 것이다. 밤에는 조명을 끄고 쉬는 게 당연하지 않나 생각하면 문득 슬퍼진다.

대체로 부유한 나라들의 밤이 밝은 것은 사실이다. 지금은 더욱 그렇지만, 내가 우주에 갈 당시 우리나라의 위상이 과거에 비해 급격히 높아진 편이어서, 여러 나라 사람들이 한국에 대한 관심을 많이 보이곤 했다.

우주에서 지구를 내려다보면서 나는 정말 운이 좋은 사람이라는 생각을 자주 했다. 생을 살아가는 데 어떤 성취를 하기 위해서는 노력도 필요하지만 그에 못지 않게 운도 중요하다. 특히 노력으로 어떻게 할 수 없는 것들이 생각보다 많다. 그중 대표적인 게 어디에서 태어나느냐다. 저 넓은 지구에서, 우주정거장이 지나가는 데 채 몇 분 걸리지도 않는 한반도에, 그것도 남쪽에서 태어난 상황이 정말 감사하고 운좋은 일이라는 사실을 우주 비행 전에는 제대로 깨닫지 못했다. 그간 내 힘으로 이뤘다고 착각했던 많은 것의 시작이 운좋게 대한민국에서 태어난 데서부터였다. 실제로 크게 노력해서 성취를 이룬 사람일수록 자신은 운이 좋았다고 말하는 경우가 많다. 그 노력을 할 수 있는 환경에서 태어나는 것은 본인의 의지가 아니기 때문이다. 이와 달리 누가 봐도 운이 좋은 사람일 때, 자신이 다 한 것처럼 이야기하는 편인 게 참 모순적이다. 창피하지만, 우주 비행 전의 내가 그랬다.

우주정거장의 밤하늘은 지구의 밤하늘보다 별이 훨씬 더 깨끗하고 많이 보인다. 별빛이 대기를 통과하면서

🌑 국제우주정거장에서 찍은 달 사진. '러시아 오빠' 막심 수라예프가 우주 비행 중 찍은 것이다
ⓒ Maksim Surayev

흔들리지 않기 때문에 더 날카로운 느낌으로 선명하다. 지구
에서와 특히 다른 점은 별의 색이 잘 드러난다는 것이다. 북
두칠성 7개 별의 색이 모두 다르게 보이는 모습은 정말 아름
다웠다. 우주정거장은 너무 빠르게 움직이기 때문에 장시간
노출이 필요한 별 사진을 찍는 것은 거의 불가능하다. 그래
서 우주인이 촬영한 별 사진은 거의 없지만 우주정거장에서
보는 우주의 모습 역시 기억에 남는 장관이다. 돌이켜 보면

조금 아쉬운 점은 우주정거장에서 창밖으로 지구나 우주를 볼 기회를 많이 갖지 못했다는 것이다. 우주정거장에 체류하는 9일을 빼곡히 채운 임무들이 있었고, 대부분 계획했던 시간보다 오래 걸리다 보니 몸도 마음도 너무 바빠 창밖을 볼 틈을 낼 수 없었다.

다시 가면 더 잘할 텐데

자료를 찾아보니 내가 우주에 있는 동안 텔레비전 생방송 4회, 라디오 인터뷰 3회, 무선 아마추어 통신 2회 그리고 총 18가지 실험을 수행한 것으로 되어 있다. 생방송 중에는 김연아 피겨스케이팅 선수와 화상 대화를 하는 일도 포함되었다. 김연아 선수 앞에서 재주넘는 모습을 보여준 영상은 흑역사로 분류될 듯하다.

우주 임무 가운데 가장 중요한 것은 실험이었다. 대체적으로 나라 최초 우주인들은 외국 로켓으로 우주에 가기 때문에 대부분의 미션은 과학 실험이다. 우주에서 수행할 실험 선정은 우주인 선발과 동시에 이루어졌기 때문에 내가 예비 우주인으로 뽑혔을 때 이미 어떤 실험을 할지 정해져 있었다.

전국 여러 대학과 연구소 등에서 제안서를 제출했고, 과학기술부는 위원회를 구성하여 어떤 실험이 대한민국 과학의 한 분야를 대표하는 것인지 선정했다. 우리나라의 경우는 형평성이 너무나 중요하기 때문에 모든 분야에서 골고

루 정해야 했다. 그렇다 보니 실험의 수는 18가지나 되었고, 마치 패키지 여행처럼 실험 스케줄이 꽉 짜였다.

러시아에서 훈련받는 1년 중 여름과 겨울에 각각 한 번씩 한국에 와서 우주 실험을 제안한 연구원이 우주인을 교육하고 우리가 궁금한 것을 물어보는 시간을 가졌다. 그때 처음으로 내 약점이 장점이 될 수 있겠다는 생각이 들었다. 나의 가장 큰 고민은 정체성이었다. 나는 대학에 입학할 때 산업디자인과를 지원했다가 떨어진 후, 한 해 뒤 다시 도전하면서 기계공학과를 선택했다. 그리고 석사과정까지 마치고 바이오시스템학과에서 박사과정을 하던 중 우주인에 지원했다. 러시아에서 우주인 훈련을 받으면서 박사 학위 논문을 마무리하고 우주 비행 직전인 2008년 2월에 학위를 받았는데, 지금 생각해보면 어떻게 그렇게 했나 하는 생각이 든다. 다시 하라고 하면 절대 못할 것 같다.

박사 학위 주제는 DNA를 크기별로 분리하는 마이크로전자기계시스템Micro-Electro-Mechanical System이라는 마이크로 머신이었는데 흔히 '바이오멤스Bio-MEMS'라고 부른다. 멤스는 기계, 전자, 재료공학에 걸친 다학제적 분야인데, 거기에 생물학 재료인 DNA를 분리하는 연구다 보니 전자, 기계, 재료, 생명공학을 다 공부해야 했다. 기기 설계 및 제작이 마무리되고 DNA를 분리하는 실험을 진행하던 몇 달간은 생물학과 실험실을 우리 방처럼 드나들기도 했다. 그래서 박사를 마칠 때 '나는 기계공학자인가? 생명공학자인가? 재료공학자인가? 무엇 하나 제대로 아는 건 있나?' 하는 정체성에 대한 고민을 할 수밖에 없었다. 그런데 그 덕분에 18가지의 다양한 실험거리를 주신 분들과 의사소통이 비교적 쉬운 편이었다. 정체성이 불분명한 것이 오히려 우주인으로서는 장점이었다.

어떻게 보면 우주 실험은 공학자인 나와 가장 가까운 일로 보일 수 있지만, 또 어떤 면에서는 딱히 그렇다고 할 수 없었다. 공학자는 자신이 설계한 실험을 하는데 18가지 가운데 내가 디자인하고 제안한 것은 하나도 없었기 때문이다. 그래서 혹시라도 실험 설계자의 의도에서 벗어날까 봐 무척 조심스러웠다. 실제로 논문에 실험 방법을 아무리 자세하게 적어놓아도 똑같이 재현하는 것은 쉬운 일이 아니라는 사실을 석·박사과정 연구를 하면서 수없이 체험했다. 실험 중 예상치 못한 상황이 생겼을 때 이를 디자인한 사람이라면 어떻게 대처했을지 내가 대신 고민해야 했다. 그 점이 가장 큰 부담이었다.

더군다나 18가지나 되는 실험이 9일간의 우주정거장 체류 일정에 빼곡히 채워져 있었기 때문에 시간이 부족할까 봐 염려도 컸다. 만약 문제가 생겨서 계획대로 진행할 수 없게 된다면, 여러 실험 중에서 우선순위를 정하는 것은 나의 몫이었다. 정거장 상황이나 간혹 실험자의 과실로 잘못된 결과, 애매한 결과가 나오면 어쩌나 걱정이 이만저만이 아니었다.

아흐레간 18가지 실험은 너무 많은 것이었다. 4월 8일에 발사되어 19일에 돌아오는 11일 중, 이틀간의 랑데부를 제외하고 아흐레를 체류하지만 사실 마지막 하루는 귀환 준비 시뮬레이션 및 최종 귀환 짐을 싸는 시간으로 할당되어 있어 엄밀히 따지면 8일간 18가지 실험을 하는 일정이었다. 당시 러시아 담당자는 18가지 중 절반만 수행해도 성공적이라고 하며 '너희 정부가 너무 욕심냈다. 우리는 이 짧은 기간 동안 이렇게 많은 실험 업무를 보내지 않는다'고 했다. 나에게도 정부에 실험을 줄이자는 제안을 해보라고 했지만 그럴 수 없었다.

실제로 러시아 쪽에서 양측 우주인 임무 일정에 대한 회의를 진행할 때, 18가지 실험 수행은 무리이니 줄이라고 한국에 공식적으로 요청했다고 한다. 물론 한국 정부는 받아들이지 않았다. 발사 직전 러시아 담당자가 다시 임무 일정이 너무 빡빡한데 조정할 생각이 없냐고 묻자, 항공우주연구원의 고위직 한 분은 일정이 빡빡한 것은 사실이지만 사람이 열흘 정도 잠을 안 자도 죽진 않는다고 하며 최선을 다

하라고 하셨다. 결국 18가지 실험을 제대로 하지 못하면 최선을 다하지 않은 우주인이 되어버리는 상황이었다.

일정이 어떻든, 계획한 실험을 대충 하거나 줄여서 할 생각은 전혀 없었다. 다른 우주인들은 이 기간 내에 이걸 전부 하는 건 불가능하고, 절반만 하고 가도 뭐라고 할 사람은 없을 것이라고 말했지만 나는 그럴 수 없었다. 누군가에게 실험을 맡긴 채, 결과를 기다리는 것 외에 할 수 있는 게 없는 그 마음을 누구보다 잘 알기 때문이다.

대학원생 시절, 연구를 수행하면서도 우리 실험실에 없는 장비로 테스트해야 할 때 일반 회사 연구소나 학교 주변의 국가출연연구소에 의뢰하기도 했다. 실험실에 함께 들어가서 볼 수라도 있을 때면 그래도 옆에서 이렇게 저렇게 상황에 따라 대처할 수 있었지만, 어떤 경우는 건물 바깥에서 시편을 넘겨준 이후에 아무것도 확인할 수 없고 결과물만 받아야 할 때도 있었다. 얼마나 답답하고 불안했는지 모른다.

그런데 지금은 정반대가 되었다. 실험을 설계하고 직접 개발한 기구를 우주로 보내 결과를 기다리는 연구자들은 내가 얼마나 본인의 입장에서 정확하게 실험해줄지 알 수 없어 불안할 것이 분명했다. 나 스스로 만족할 만한 결과를 가져오더라도, 그분들에게는 부족하고 아쉬울 텐데, 나조차도 성에 차지 않는 실험 결과물을 연구자에게 넘겨줄 수는 없었다. 그래서 잠자는 시간뿐 아니라 먹는 틈도 아껴가면서 성공적인 실험을 하기 위해 최선을 다했다.

때로는 동료 우주인들이 거들어주기도 했다. 원래 다른 나라 우주인의 임무를 도와줄 때는 외교 문서로 요청하는 것이 원칙이지만, 우주인들은 대부분 성격이 좋고 융통성도 있다. 다른 사람에게 방해가 되지 않으려고 조용히 실험을 하고 있으면 우르르 몰려와서 '빨리 끝내고 같이 밥 먹자' 하며 도와주곤 했다.

최선을 다해 모든 실험을 완료했지만 그래도 아쉬움은 남았다. 일을 마치고 나면 항상 '한 번만 다시 할 기회가 주어진다면 정말 잘할 수 있을 것 같은데…' 하는 아쉬움이 들기 마련이다. 그런 감정을 가진 사람이 나만이 아닌 것이 위로가 되기도 했다. 우주인 훈련 때부터 발사, 비행, 귀환까지 모든 과정을 카메라에 최대한 담아 기록하려고 노력하시던 SBS의 촬영감독님도 비행 후 만날 때마다 이렇게 말씀하셨고 나도 함께 웃게 되었다.

"소연 씨, 나 진짜 딱 한 번만 더 소연 씨가 우주에 간다면 그때는 정말 제대로 촬영할 수 있을 것 같은데 너무 아쉽단 말이지."

"그러게요. 저도 다시 한 번 갈 수 있다면, 진짜 더 잘할 수 있을 것 같아요."

18가지 실험 중 다섯 가지는 과학교사협의회가 제안한 교육과학실험이었고, 나머지 13가지는 연구자들이 제안한 전문과학실험이었다. 교육과학실험은 과학 교육에 활용이 가능하고 청소년들의 호기심을 충족하는 내용으로 우주 공간에서의 '식물 생장', '우주 볼펜', '뉴턴의 법칙', '표면 장력', '물의 현상' 실험이었다. 이는 교육을 목적으로 했기 때문에 비교적 단순하고 쉽게 이해할 수 있는 것이었다. 예를 들어 '뉴턴의 법칙' 실험 중 하나는 같은 용수철에 질량이 다른 추를 매달아 빙글빙글 돌리면 가속도의 법칙에 따라 질량이 큰 추의 용수철이 더 길게 늘어남을 보여주는 것이었다. 1년간 우주인 훈련을 마친 공학박사인 내게는 너무나 당연한 현상을 보여주는 단순한 실험이었지만 이제 막 과학을 배우기 시작한 학생들에게 오래도록 기억될 용어나 물리법칙을 틀리게 설명하면 안 된다는 생각에 무척이나 조심스러웠다.

'부채 실험'은 뉴턴의 제3법칙인 작용 반작용을 보여주기 위해 양손에 든 부채로만 나는 것이다. 나도 새처럼 잘 날 줄 알았는데 쉽지 않았다. 양쪽 팔 힘이 똑같지 않아서 자꾸만 엉뚱한 데로 가고 뱅글뱅글 돌게 되었다. 중력이 있는 곳에서는 중력이 큰 힘으로 당기기 때문에 양쪽 힘이 좀 달라도 별 문제가 없이 아예 날지 못했겠지만, 무중력상태에서는 작은 힘의 차이가 크게 나타났다. 자세를 조절하기가 힘드니까 촬영도 쉽지 않았다. 별로 힘들 거라고 생각하지 않았던 교육과학실험이 의외로 꽤 어려웠다.

'식물 생장 실험'은 식물의 씨앗을 심어서 자라는 과정을 관찰하는 것이었다. 이를 영상으로 보면 초등학생 관찰일기처럼 보일 수도 있다. 실제로 NASA나 유럽우주청에서는 이러한 실험을 지상의 초등학생과 함께 진행하기도 하는데, 과학적인 관점에서 보면 중력이 있고 없고가 식물의 성장에 어떤 영향을 미치는지에 대한 중요한 연구 자료가 된다. 중력이 없는 환경에서는 식물이 어떤 모양으로 자라고, 뿌리는 어떻게 내리는지 등 하나하나가 다 중요한 데이터다.

전문과학실험의 경우, 실험 과정 대부분이 특수 제

● 식물 생장 실험

● 초파리 실험

작된 금속 박스 안에서 이뤄지거나 데이터를 기록하는 일 외에는 보여줄 것이 거의 없는 경우가 대부분이었다. 내용도 복잡하고 어렵기 때문에 방송사나 항공우주연구원에서 일반인에게 공개한 실험은 대부분 교육과학실험이었다. 그래서 부채질을 하거나 물방울을 튕기는 모습 등이 주로 공개되다 보니 제대로 된 과학 실험이 이루어진 것인지 의문을 갖는 사람도 많았다. 방송을 통해 영상이 공개된 것만 보면 초등학생 방학 숙제 같은 일만 한다는 생각이 들 수도 있다. 그러다 보니 '큰돈을 들여 우주에 가서 아이들 장난 같은 실험을 하고 왔다'는 식의 기사가 나기도 했

● 무중력상태에서 금속 유기 다공성 물질의 결정 성장 실험
⊙ 무중력상태에서 제올라이트 합성과 결정 성장 실험
◗ 미세중력상태에서의 우주인 신체 (얼굴)의 형상 변화 연구

다. 대한민국의 박사님들이 밤낮없이 하고 계신 수많은 연구 가운데 기사에 제대로 설명되고, 가치가 고스란히 인정되는

게 얼마나 있을까를 생각하니 또 이 정도는 아무것도 아니지 싶기도 하다.

전문과학실험은 사실 우주에서 처음 해본다는 것만으로도 충분한 가치가 있다. 우주에서 실험을 해본 경험이 한 번도 없는 나라에서 처음부터 복잡하고 어려운 일을 준비할 수는 없다. 언제나 기초 실험이 선행되고 그 결과가 축적되면서 점점 복잡한 실험을 하게 되는 것이다. 그런데 우주에서 실험을 꾸준히 해온 나라가 그 결과들을 충분히 공유해줄 리가 없다. 다른 나라에서는 이미 했던 것이라도 우리는 별도로 실험을 해야 하는 경우가 대부분이다. 하지만 그중에서 기발한 아이디어와 장비로 미국, 러시아 우주인조차 놀라워한 실험도 있었다.

'얼굴 변화 실험'은 우주에서 얼굴이 붓는 패턴이 어떻게 달라지는지를 연구하는 것이었다. 방법은 아주 간단했다. 모기장처럼 생긴 그물 뒤에서 머그숏mugshot을 찍는다. 이렇게 사진을 찍으면 광학 현상 때문에 사람 얼굴 굴곡의 등고선이 컴퓨터 그래픽 처리한 것처럼 보인다. 이 아이디어는 미국과 러시아 우주인들도 아주 신기해했다. 지상에서 찍은 사진과 우주에서 찍은 사진을 비교해 보니 라면을 먹어서 부은 얼굴과 물구나무 섰을 때 부은 얼굴, 우주에서 부은 얼굴 모두 패턴이 달랐다. 우주에 가면 얼굴이 붓는다는 것은 알았지만 전혀 다른 형태라는 건 이 실험으로 처음 깨닫게 된 사실이었다.

　　기억에 남는 것 중 하나는 무중력상태에서 한 제올라이트 합성과 결정 성장 실험이었다. 제올라이트는 나노 세공이라고 불리는 미세한 구멍이 아주 많이 있어서 다른 미립 물질을 흡착하는 능력이 아주 뛰어난 광물이다. 제올라이트는 '끓는 돌'이라는 뜻인데, 천연 제올라이트는 작은 구멍 속에 물 분자가 채워져 있어 가열하면 그 물이 수증기가 되어 빠져나오기 때문에 붙은 이름이다. 1950년대에 제올라이트를 인공적으로 합성하는 방법이 개발되어 정유 회사에서 원유로부터 가솔린과 디젤을 생산하는 촉매로 사용되기 시작했고, 지금은 합성세제에도 많이 쓰인다.

　　실리콘과 알루미늄을 함유한 알칼리 용액을 섭씨 100도로 가열하면 제올라이트 입자가 만들어지는데, 문제는 이렇게 해서 얻은 입자가 고르지 않다는 것이다. 합성된 입자가 중력 때문에 바닥으로 가라앉아 충분히 성장하지 못하기 때문이다. 하지만 무중력이라면 상황이 다르다. 생성된 입자들이 가라앉지 않기 때문에 이론적으로는 완벽하게 같은 모양과 크기의 입자를 만들 수 있게 된다. 내가 한 실험은 서강대 윤경병 교수 연구실에서 제안했고 무중력상태에서 제올라이트를 합성하는 것이었는데, 비교적 완전한 구조를 얻는 데 성공했다. 제올라이트는 활용도가 아주 높은 광물이기 때문에 지금도 우주정거장에서 가장 활발한 연구가 이루어지는 대상이다.

멤스 기술을 이용한 망원경 개발 및 극한 대기 현상 관측 실험은 나의 전공 분야와도 관련이 있어서 특히 관심이 많았다. 나도 박사 학위 주제가 생명체의 DNA를 분리하는 멤스를 만드는 것이었기 때문이다. 극한 대기 현상은 지구의 고층대기에서 발생하는 초대형번개현상Transient Luminous Events을 말한다. 초대형번개현상은 일반적인 번개가 일어나는 고도보다 높은 10~100킬로미터에서 발생하는 발광 현상으로, 100분의 1초에서 1,000분의 1초 사이에 나타났다 사라지기 때문에 지상에서 관측하기가 어렵다. 멤스 기술을 이용한 망원경은 하나의 렌즈나 거울을 사용하는 것이 아니라 수백만 개의 마이크로 거울을 써서 빠르게 움직이는 광원을 순간적으로 포착해 빠른 속도로 추적할 수 있다. 광원을 순간적으로 포착할 수 있기 때문에 초대형번개현상이나 우주에서 갑자기 나타나는 감마선 폭발 등을 관측하는 데 사용될 수 있다. 내가 한 일은 이화여대 박일홍 교수팀이 만든 멤스 우주망원경 시제품으로 지구 대기현상을 관측하는 것이었다.

박일홍 교수팀의 멤스 우주망원경은 이후 러시아의 인공위성에 실리기도 했다. 이 실험 덕분에 뜻하지 않은

● 국제우주정거장 계주 메달

멋진 우주쇼를 보는 행운도 있었다. 대개 지구 쪽이 해가 져서 어두워진 시간에 우주망원경 설치를 했는데, 이를 위해 창의 셔터를 연 순간, 마침 동남아시아 상공의 구름 위쪽에서 우주 방향으로 번개가 연속적으로 치는 장면을 마주치고 너무 놀라 소리를 질렀다. 옆에 있던 동료 우주인이 "대개 우주인들은 밝을 때 지구를 내려다보기 때문에, 비행을 오래 해도 이런 장관 보는 경우는 드문데 운이 좋네!"라고 했다.

전자부품연구원 임기택 박사가 제안한 차세대 메모리 소자 실증 실험은 우주 환경에서 반도체소자가 얼마나 잘 작동하는지 테스트하는 것이었다. 우주에서는 태양과 우주 공간에서 날아오는 방사선의 영향을 지상보다 훨씬 많이 받기 때문에 전자 장비에 문제가 생기는 경우가 많다. 그래서 우주 환경에 적합한 부품을 개발하는 것이 아주 중요한데, 이에 대한 자료를 얻기 위한 실험이었다.

이 모든 실험은 무중력상태나 방사선이 많은 우주 환경을 이용한 것으로, 우주에서만 가능하다. 그리고 엄격한 심사를 거쳐 선정되었기 때문에 모두 과학적으로 중요한 의

◗ 국기를 든 모습
◗ 우주정거장에서 지구 사진 촬영

미를 가졌다. 후속 실험이 계속되었다면 한국 과학기술에 큰
발전을 가져왔을 것이 분명한데, 더 이상 우리나라의 우주
실험이 이어지지 않은 것이 너무나 안타깝다.

　　　우주에서의 실험 덕분에 20여 편의 논문에 공저자
가 되었다. 직접 실험을 수행했기 때문에 공저자가 될 자격이 있긴 했지만, 기획부터 마무리하는 과정에서 마음 졸이고 잠 못 잤을 연구자들 사이에 끼어도 괜찮을까 하는 미안함이 있다. 그리고 훌륭한 논문의 공저자가 된 영광에 감사하는 마음이다. 지금까지도 그랬지만 앞으로도 그 논문들을 내 연구자로서의 업적이나 경력으로 이용할 수는 없다.

　　또 한 가지 밝혀두고 싶은 일은, 내가 우주인이 된 후에 발명 특허를 등록했다는 기사가 난 적이 있는데 이 특허는 내가 박사 학위 논문을 쓰면서 신청한 것이었다. 내가 연구한 분야는 특허를 낼 수 없으면 논문도 쓸 수 없다. 고유 연구로 인정을 받아야 하기 때문이다. 만약 내 연구를 다른 사람이 먼저 특허를 내버리면 내 연구라고 할 수 없게 된다. 그래서 연구를 특허 검색으로 시작하다 보니, 논문이 하나 나오면 특허도 하나 나오는 게 자연스러운 절차였다. 박사 학위논문을 마무리하면서 낸 특허가 2년이 지나 등록되어 우주를 다녀온 뒤에 나왔다. 특허는 제목과 내용이 그러하듯, 우주 실험과는 아무 상관이 없다.

　　우주에서의 실험을 다시 하게 되면 정말 잘할 수 있을 것 같다는 생각이 들긴 하지만, 나는 수면과 식사 시간까지 아껴가며 최선을 다했기 때문에 후회는 없다. 다만 돌이켜 보면 그 실험들이 처음이자 아직까지는 마지막이었다는 것, 그러니까 후속 실험이 이어지지 않을 것이고 사실상 그럴 계획도 없었다는 것을 알았다면, 최선을 다한 실험들의 결과가 이후 제대로 활용되지 못할 것을 알았다면, 우주에서 개인적으로 해보고 싶었던 다른 일들을 조금이라도 더 해볼 걸 하는 씁쓸함이 남기는 했다.

2

우 주 에서

지 구 로

그렇게 위험한 거였어?

우주인 훈련을 받으면서 안전에 대한 이야기를 귀에 못이 박힐 정도로 듣고, 비상 상황에 대비한 훈련을 무수히 받았지만 솔직히 비행이 위험할 거라는 생각은 거의 하지 않았다. 실제로 발사는 한 번의 연기도 없이 순탄하게 아무런 문제 없이 이루어졌다. 발사 직전 소유스 우주선 안에서는 발사가 미뤄질 수도 있을 만한 소동이 한 번 있기는 했지만, 귀환 시 안전하게 내려올 거라고 기대할 수밖에 없는 상황이었다. 왜냐하면 우리 바로 전에 우주에 간 팀이 돌아오면서 사고를 겪었기 때문이었다.

소유스 우주선은 지금도 그렇지만, 당시에도 세계에서 가장 안전하다고 알려져 있었다. 내가 출발하기 6개월 전, 내려오던 도중 사고가 생겨 탄도 궤도로 귀환(다른 말로는 추락)했기 때문에 똑같은 사고를 반복하지 않기 위해 엄청나게 열심히 대책을 세우고 반복해서 점검하는 모습을 지켜봤다. 그러니 설마 또 사고가 나겠느냐는 생각을 할 수밖에 없었다. 러시아 유인 우주 비행 50년 역사에서 발사나 귀환 중 사고가 난 상황이 몇 번 안 되다 보니, 확률적으로도 연달아 두 번 탄도 궤도 귀환이 될 가능성은 희박했다.

나만 그렇게 생각한 것이 아니라 같이 있던 러시아, 미국 우주인 들도 다 그렇게 생각했다. 우리가 운전할 때 전광판에 뜨는 하루 교통사고 건수를 눈으로 봐도 내 일처럼 느끼지 않듯이, 우주인들의 경우도 동료가 대부분 무사히 돌아오는 상황을 당연한 듯 지켜보다 보면, 사고가 날 거라고 예상하기는 힘들다. 사실 그런 생각이 든다면 우주인에 지원을 할 수도, 우주 비행을 할 수도 없을 것이다. 그래서 나 역시 두려움 없이 우주로 갈 수 있었고, 귀환도 몇 번이나 반복했던 정상 귀환이 될 것임을 의심하지 않았다.

내가 돌아올 때 탄 소유스 우주선은 2007년 10월에 러시아 우주인 유리 말렌첸코와 미국 우주인 페기 윗슨 그리고 말레이시아 최초의 우주인 셰이크 무샤파르Sheikh Muszaphar가 타고 우주정거장에 도킹했던 것이었다. 셰이크 무샤파르는 나처럼 국제우주정거장에서 열흘간 체류하고 돌아갔고 6개월 뒤, 내가 유리 말렌첸코, 페기 윗슨과 함께 이것을 타고 귀환하게 되었다. 소유스 우주선은 국제우주정거장의 구명보트 역할을 하기 때문에 승무원의 비상 탈출을 위해 최소 1기 이상은 항상 국제우주정거장에 도킹해 있어야 한다. 내가 이전에 와 있던 우주선을 타고 귀환하면 내가 타고 온 우주선이 구명보트 역할을 하게 되는 것이다.

　　귀환을 위해서는 우주정거장과 지상 양쪽에 많은 준비가 필요하다. 지상에서는 착륙 지점을 선정하고 구조팀이 사전 답사를 한다. 우주선의 착륙은 정확한 목표 지점에 예측했던 대로 이루어지기 쉽지 않아 건물이나 강, 심지어 나무도 없는 곳을 예정지로 삼는다. 소유스의 착륙 지점은 모두 카자흐스탄에 있고, 우주정거장의 궤도에 따라 가장 적합한 곳으로 목표지가 정해진다. 착륙 지점이 정해지면 귀환 궤적을 계산한다.

　　귀환 지점과 궤적이 계산되면 국제우주정거장에서는 그 결과를 전달받아 귀환 전 과정에 대한 시뮬레이션 훈련을 한다. 나는 내가 타고 돌아갈 소유스 우주선에서 훈련했다. 지금은 국제우주정거장에 시뮬레이터가 설치되어 실제와 똑같은 과정으로 훈련할 수 있다고 한다. 이런 이야기를 들으면 나도 옛날 사람이라는 생각이 든다.

　　어느덧 준비가 완료되어 남아 있는 우주인들과 작별 인사를 하고 귀환 우주선으로 옮겨 탄 다음 해치를 닫았다. 그러고는 우주복으로 갈아입고 착륙 모듈로 이동했다. 이제 약 3시간 30분 후면 지구로 돌아간다. 첫 번째 단계는 도킹을 해제하여 귀환 우주선을 국제우주정거장에서 분리하는 것이다. 분리는 아주 천천히 이루어지기 때문에 우주선 안에서는 거의 아무것도 느끼지 못한다.

분리된 우주선은 궤도가 약간 변하면서 속도도 달라진다. 우주정거장보다 낮은 궤도가 되면 속도가 빨라지고, 높은 고도가 되면 느려진다. 뉴턴의 법칙에 따라 지구 중력에 의한 궤도 속도는 지구 중심에서의 거리의 제곱근에 반비례하기 때문이다. 결과적으로 국제우주정거장과 분리된 우주선은 더 이상 서로 만나지 않게 된다.

우주선은 지상과 계속 교신하면서 다음 단계를 준비한다. 즉 궤도에서 벗어나는 것이다. 이를 디오비트 번Deorbit Burn이라고 하는데, 우주선의 속도를 늦추어 지구를 향해 끌려 들어가게 한다. 한마디로 우주선을 역추진하는 것이다. 속도를 줄이는 역추진의 방향과 지속 시간은 정확하게 계산되어야 한다. 이로써 지구로 재진입하는 경로의 각도가 결정되기 때문이다.

역추진을 충분히 하지 못하면 너무 빠르고 작은 각도로 재진입이 이루어지기 때문에 대기권에 튕겨서 우주로 날아가버릴 수 있다. 역추진을 너무 많이 하면 수직에 가까운 각도로 재진입을 하게 되어서 지구 중력에 의한 가속이 너무 빠르게 일어나 대기와의 마찰로 우주선이 타버릴 수 있다. 그래서 역추진은 미리 계산한 대로 정확하게 이루어져야 한다. 재진입이 시작되면 아직 대기가 옅은 고도 140킬로

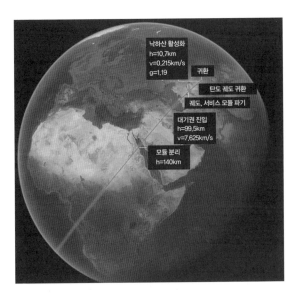

낙하산 활성화
h=10,7km
v=0,215km/s
g=1,19

귀환

탄도 궤도 귀환

궤도, 서비스 모듈 파기

대기권 진입
h=99,5km
v=7,625km/s

모듈 분리
h=140km

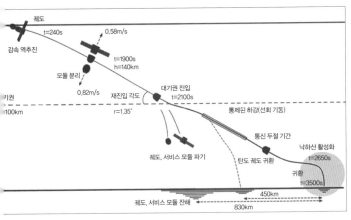

궤도

감속 역추진

t=240s

0.58m/s

t=1900s
h=140km

모듈 분리

0.82m/s

재진입 각도
r=1.35˚

대기권 진입
t=2100s

통제된 하강(선회 기동)

기권
≤100km

궤도, 서비스 모듈 파기

탄도 궤도 귀환

통신 두절 기간

낙하산 활성화
t=2650s

귀환
t=3500s

궤도, 서비스 모듈 잔해

450km

830km

● 소유스 우주선의 착륙 과정 © 2020 Anatoly Zak

미터 정도에서 소유스 우주선은 3개의 모듈로 분리된다. 우리가 타고 있는 착륙 모듈을 제외한 나머지는 이후 대기와의 마찰로 타서 없어지고, 착륙 모듈만 지상으로 내려가는 것이다. 그런데 여기서 문제가 생겼다.

모듈 분리 과정이 이루어지고 컴퓨터 화면에는 분리가 성공적으로 되었다는 신호가 떴다. '아, 분리됐구나!'라고 생각하고 있는데 오른쪽 창밖으로 뭔가 반짝거리는 게 날아다니는 것이 보였다. 그런데 내가 예비 우주인으로 훈련받을 때 막심 수라예프 선장에게 "분리가 무사히 성공하면 분리된 몸체들이 날아가는 게 창밖으로 보이나요?"라고 물었던 적이 있다. 선장인 막심은 워낙 장난을 좋아하는 사람이라 시뮬레이션 훈련 중에 모듈 분리 과정이 끝났다는 신호가 화면에 뜨면, "거주 모듈 안녕" 하면서 창 쪽으로 손을 흔들길래 그런 의문이 들었다.

'러시아 양오빠'를 자처한 막심은 내 질문에 어린아이 장난이 어이없다는 듯 웃으며 "바깥으로 무언가 보이면 진짜 큰일 난 거야!"라고 했다. 무식한 질문이기는 했지만 예비 우주인이었기 때문에 편하게 물어볼 수 있었다. 탑승 우주인은 당장 비행을 코앞에 두었기 때문에 아주 예민한 경우가 많다. 발사일이 다가올수록 긴장되는 분위기는 점점 고조되고 사람들 표정도 굳어 있어서 말 한마디 걸기가 무서울 정도다. 하지만 예비 우주인은 당장 우주로 가는 게 아니기 때문에 신나고 재미있게 훈련을 받으면서 설명도 잘해주었다.

이 질문에 대해서 막심은 훈련이 끝난 후 한 시간 넘게 칠판에 과정 하나하나를 그리면서 설명해주었다. '이렇게 내려오고 이렇게 분리되고 이렇게 갈 거다. 그러니 만약 창밖에 뭔가가 보이면 큰일이다.' 그렇게 교육을 받았는데, 재진입하는 도중 창밖에서 뭔가가 반짝거리는 것이다. 그래서 나는 유리 말렌첸코 선장에게 "창밖에 뭐가 보인다"고 말했다. 그는 나보다 6개월 전에 국제우주정거장에 도착했기 때문에 나와 함께 훈련을 해본 적이 없었다. 유리는 이미 여러 번 우주 비행을 했고, 그 전에는 유능한 공군 조종사였다. 나에게는 약간 차갑고 냉정해 보이는 느낌을 주었는데, 우주인 훈련소 내에서는 반항적인 히어로 캐릭터로 알려진 분이기도 했다. 전해 듣기로는 우주인 임무를 수행하다가도 지상에서 자꾸 잔소리를 해서 귀찮게 하면 통신을 그냥 꺼버리기도 한다고 했다. 자기 일을 다 끝내고 다시 통신을 켜서 '일 끝났다'고 통보하는 스타일이시라고.

그래서 나는 정말 조심스럽게 '창밖에 뭐가 보인다'고 했는데, 그는 어이없다는 표정으로 말했다. "네가 비행이 처음이고 너무 긴장해서 헛것이 보이는 거야. 밖에 뭐가 보일 리가 없어." 잠시 후 왼쪽 창 옆에 앉은 페기 윗슨이 "그렇네, 나도 밖에 뭔가 보이는데"라고 말했다. 페기는 비행 경험이 많고 우주정거장 최초의 여성 선장도 한 데다가 당시 미국 우주인으로는 최장 우주 체류 기록을 보유한 분이었기 때문에 무시할 수 없었을 것이다. 페기까지 그렇게 말하자 유리는 확인해봐야겠다고 했다. 하지만 소유스의 작은 창을 통해 바깥을 넓게 확인할 수도 없고, 계기판에는 분리가 성공했다고 표시되었기 때문에 혼란스러운 상황이었다.

그러다 갑자기 강력한 중력가속도가 확 느껴졌다. 이번에는 페기에게 조심스럽게 영어로 "중력이 너무 크게 느껴진다. 3G, 4G를 넘어가는 것 같다"고 말했다. 지구로 낙하하는 우주선이 공기의 저항을 받으면서 생기는 중력가속도는 3G에서 4G가 정상 범위다. 그런데 느낌이 그보다는 큰 듯했다. 그래서 페기에게 "매뉴얼이 너무 무거운데?"라고 했더니 "네가 무중력에서 와서 상대적으로 더 무겁게 느껴지는 거야. 올라갈 때는 1G에서 출발하지만 내려올 때는 0G에서 시작하기 때문에 그렇게 느껴지는 거지, 실제로 더 무거운 건 아니다"라고 말했다. 그래서 '그런가 보다' 했다. 나는 귀환을 위한 우주 비행이 처음이고 훈련 기간도 1년밖에 되지 않았기 때문에 베테랑 우주인들의 말을 100퍼센트 믿을 수밖에 없었다.

어느 순간 우주선 내부에 빨간색 불이 켜지면서 영

화에서처럼 '삑-삑-' 소리가 나기 시작했다. 화면은 '탄도 궤도로 귀환하는 비상 상황'을 알리고 있었다. 놀라서 옆을 돌아보니, 유리와 페기는 너무나 아무렇지 않게 대처하고 있었다. 속으로는 정신이 하나도 없었지만, 두 사람을 보고 나니 '나도 선배님들처럼 차분한 척 대응하는 게 좋겠지?'라는 생각이 들었다. 침착하게 조치를 취하는 두 분이 쿨하고 멋져 보였다.

두 사람은 빨간불이 켜지자마자 빨간색 표지의 매뉴얼로 바꾸어 들었다. 긴급 상황의 매뉴얼이었다. 탄도 궤도 귀환 부분을 펼치고는 나와 같이 확인했다. 매뉴얼을 보면서 대처하는 모습 또한 아무렇지 않아서 '아, 죽지는 않겠구나' 하는 확신이 들었다.

잠시 후, 페기가 미국 친구들이 자주 하는 욕설을 덧붙이며 "네 말이 맞았어. 엄청 무거워"라는 거였다. 그래도 '내 느낌대로 좀 무겁구나'라고만 생각했지 얼마나인지 확인할 수가 없었다. 계기판이 중력가속도를 알려주지는 않기 때문이다. 그래도 큰 문제가 생길 거라고 생각하지는 않았다. 과거 1960년대와 1970년대에는 소유스 우주선이 탄도 궤도로 내려오는 것이 정상적인 과정이었다. 그런데 탄도 궤도 귀환이 우주인들에게 무리를 주니까 기술을 조금 발전시켜서 무게중심을 조금씩 옮겨 가며 착륙 방향을 살짝 바꿀 수 있게 하고 중력가속도도 줄였다.

　　물론 구조적인 이유로 소유스 우주선은 미국 NASA 의 우주왕복선처럼 부드럽게 활주로 위로 착륙하지는 못한다. 기본적으로 소유스가 귀환하는 방식은 돌에 낙하산을 달아서 내려오는 것과 비슷하다. 그래서 방향을 자유롭게 바꾸는 기능이 필수적이지 않기 때문에 방향 제어를 못하는 것이 큰 문제는 아니었다. 나는 매뉴얼만 따르면 잘 내려갈 수 있다고 생각했고, 긴급 상황 매뉴얼대로 다 했기 때문에 어느 정도 안심하고 있었다. 그런데 갑자기 우주선이 흔들리면서 충격이 가해지더니 눈앞에 연기 같은 것이 피어올랐다. 우주선 안에서 나는 것이었다.

　　이번에는 모두 긴장하는 분위기였다. 아까 흔들린 충격 때문에 뭔가 잘못되었나 하는 생각이 들었다. 선장이 전원을 차단했다. 불이 난 것이라면 아주 심각한 상황이기 때문에 연기가 보이면 무조건 전원을 끄는 것이 프로토콜이다. 전체 전원을 차단하고 연기가 잦아들기를 기다렸다. 조금 지나니 가라앉은 것 같아서 선장에게 "연기 잦아든 것 같은데 시험 삼아 전원을 켜보시죠?"라고 했더니 선장도 "그럴까?"라고 했다. 그러자 페기가 "아니야. 소연이는 지금 연기 안에 있고, 선장도 너무 가까이 있어서 잘 안 보이는 거야. 내 눈엔 지금 소연이가 연기 안에 있어"라고 말했다. 선장이 가운데 있고 나와 페기가 양옆에 있었기 때문에 페기가 나와 가장 멀리 떨어져 있는 상황이었다. 결국 전원을 켤 상황이 아니었다.

내가 연기 안에 있다고 페기가 이야기했기 때문에 나는 연기의 근원이 내 근처에 있을 거라고 생각하고 주변을 살펴봤다. 바로 앞 계기판 밑에서 하얀 뭔가가 나오고 있었다. 그래서 아래를 확인하려고 고개를 숙였다. 그런데 사실 이것도 쉬운 일이 아니다. 소유스 우주선은 사람들 생각보다 훨씬 더 작다. 앞서 언급했듯 경차 뒷좌석에 어른 셋이 앉은 것과 비슷하다. 게다가 모두 10킬로그램이나 되는 우주복을 입고 있다. 완전히 어깨가 서로 닿은 상태라 굉장히 비좁고, 내부가 복잡하기까지 해서 움직이기가 정말 힘들다. 계기판도 눈에서 30센티미터 떨어진 정도로 너무 가까이 있기 때문에 고개를 숙여서 아래를 보기가 쉽지가 않았다.

겨우 몸을 굽혀 밑을 봤더니 언 금속 튜브에서 연기 같은 것이 나오고 있었다. 그래서 선장에게 "튜브가 얼어 있다. 그럼 이게 불이 나서 생긴 연기는 아니란 이야기다. 만약 화재로 인한 연기면 어떻게 튜브가 얼어 있느냐, 그럴 수는 없다"고 확신에 차서 말했다. 내 박사과정 시절은 과장을 조금 보태면 클린룸에서 살았다고 할 수 있을 만큼 그 안에서 보낸 시간이 많았다. 클린룸에는 항상 액체질소와 액체산소 탱크가 있고 탱크와 연결된 튜브는 항상 얼어 있었다. 액체 질소와 액체산소는 온도가 아주 낮기 때문이다. 그러니까 그 상태는 나에게 아주 익숙한 것이었다. 그래서 언 튜브를 보고 우주선 안에 이렇게 낮은 온도의 물질이 뭐가 있을지 생각해봤다. 액체산소밖에 없었다. 호흡에 필요한 산소를 조금씩 흘려주기 위해서 액체산소 탱크가 우주선에 있는데, 충격으로 튜브의 연결부에 살짝 흠이 생긴 듯했다. 튜브가 터져서 낮은 온도의 산소가 새어 나왔고, 낮은 온도의 산소 때문에 주변 수증기가 응결되어 연기처럼 보인 것이었다. 그래서 선장에게 그렇게 이야기했다.

앞서 설명한 것처럼, 유리 선장은 나보다 6개월 먼저 국제우주정거장으로 올라갔기 때문에 내가 팀으로 훈련받기 전에 이미 우주정거장에 있었다. 내가 기본 훈련을 받을 때 선장은 비행을 앞두었고, 나는 초보라서 완전히 다른 곳에 있었다. 서로 존재는 알았지만 만난 적은 없었다. 그런데 러시아의 문화적 특성상 선장은 나를 '어린 여자아이' 정도로 여겼던 것 같다. 그래서 '쟤가 뭘 알겠느냐'라는 식으로 생각하지 않았을까. 비행이 끝나고 다시 만났을 때 "한국 우주인이 남자에서 여자로 바뀌었다는 소식을 우주에서 듣고 난 별로 마음에 안 들었다"라고 솔직하게 고백하기도 했다.

어쨌든 선장은 "튜브가 얼었다"는 나의 말을 쉽게

믿지 않았다. "정말 거기 튜브가 얼어 있는 거 맞느냐"라며 여러 번 확인했다. 나는 '아무리 바보라도 얼어 있는 것과 뜨거운 것 정도는 구별할 줄 알아' 하고 욱하는 마음도 들었다. 돌아보면 그분이 이해가 되기는 한다. 세 명의 목숨을 책임진 우주선의 선장으로서 그 무엇도 쉽게 판단할 수 없는 입장이었을 것이다. 나는 다시 한 번 말했다.

> "대학원 때 거의 매일 액체산소, 액체질소로 일을 해서 너무 익숙하다. 내가 진짜 단언하건대 이건 액체산소다. 우리는 이미 대기권에 진입했기 때문에 바깥과 압력을 맞추기 위한 조그만 구멍을 연 상태. 그렇기 때문에 높은 산소 분압에 대한 염려는 하지 않아도 된다. 전원을 올려도 문제가 없을 것 같다. 그리고 바깥 공기 포화도와 계속 밸런스를 맞추고 있기 때문에 바깥 공기의 산소 포화도와 내부의 산소 포화도가 같으므로 우주선 내부의 산소 포화도가 위험할 정도로 높지 않을 것 같다. 그래서 전기를 켰을 때 스파크가 나서 불이 날 위험도 없다."

지금 생각해보면 이 상황을 내가 러시아어로 설명했다는 것 자체가 정말 신기하다. 다시 하라고 하면 절대 못할 것 같다.

선장은 그래도 마음을 놓지 못했다. 만약 전원을 켰을 때 안에 산소가 가득 찬 상태에서 스파크가 생기면 다 죽는다. 선장으로서는 중앙통제센터와 통신을 하려면 전원을 켜야 하고, 켰다가 잘못되면 순식간에 다 죽을 수도 있으니 고민이 될 수밖에 없었을 것이다. 짧은 시간 내에 너무나 어려운 결정을 해야 하는 상황에 몰린 선장은 나에게 "네 엄마의 이름을 걸고 그게 액체산소 튜브인 걸 확신할 수 있느냐"고 심각하게 물었다. 러시아에서는 "엄마 이름을 걸고 맹세할 수 있느냐"라는 말을 흔히 한다. 그러더니 또 "네가 믿는 신의 이름을 걸고 이야기할 수 있느냐?"고 다시 한 번 물었다. 나는 "누굴 걸더라도 이건 액체산소 튜브인 것 같다"고 대답했다. 그제야 선장은 전원을 켰다. 아무 문제도 없었다.

하지만 중앙통제센터와 통신은 이루어지지 않았다. 나중에 알았지만 당시 우주선의 안테나는 완전히 타버린 상황이었다. 그 상태로 계속 탄도 궤도로 낙하했다. 그래도 다행히 낙하산은 제때 잘 펴졌다. 소유스는 착륙 직전 1미터를 남기고 역추진을 한 번 하도록 되어 있다. 그래서 살짝 멈추었다가 자유낙하로 뚝 떨어진다. 그 직전에 충격 흡수용 판이 좌석 등 뒤에서 올라온다.

이 과정은 모두 정상적으로 진행되어 그렇게 지구에 떨어졌다. 비로소 '아, 살았구나. 제대로 떨어졌구나' 안심

했다. 그때까지는 바깥의 안테나가 탄 것을 모르는 상태였기 때문에 기다리면 헬기가 올 거라고 생각했다. 우주선이 정상적으로 내려오면 땅에 떨어지기 전에 헬기 3대가 따라붙는다. 헬기에 달린 카메라로 마지막 엔진이 켜지는 것까지 촬영하며 우주선 근처를 맴돌다 내려와 우주인들을 구출한다. 그런데 바깥에서는 아무런 소리도 들리지 않았다. 30분 이상 기다린 것 같은데 기척이 없었다. 착륙 후 정상 과정은 구조팀이 해치를 두드릴 때까지 우주선 내에 대기하는 것이기 때문에, 일단은 기다렸다. 꽤 시간이 흘렀다는 생각이 들 무렵, 유리 선장이 결정했다.

"아무래도 우리 나가야 될 것 같다."

우주선은 옆으로 누워 있어서 선장은 중간, 페기는 위에 매달린 상태로, 나는 바닥에서 페기 쪽을 바라보고 있었다. 선장은 "내가 일단 안전띠를 풀고 해치를 열어줄 테니, 소연 너는 안전띠를 풀고 먼저 나가라. 그리고 내가 따라 나가겠다. 페기는 일단 나가서 생각 좀 해보자"라고 했다.

무중력상태에서 지상으로 내려오면 가장 먼저 피로와 무게감을 느낀다. 우주정거장에서 도킹을 해제한 뒤 약 두 시간이 흘렀지만, 대기권 진입 후 지상에 착륙한 것까지는 30분밖에 되지 않기 때문에 사실은 거의 30분 만에 무중력상태에서 지구의 중력을 받는 상태로 바뀐 것이다. 몸무게를 느끼지 못하다가 갑자기 몸무게라는 것이 생기니까 내 몸이 천근만근이다. 그리고 중력이 없을 때는 피가 머리에 몰려 있다가 갑자기 중력이 생기면 모든 피가 아래로 쏠리기 때문에 빈혈기가 엄청나게 심해져 제대로 서 있을 수가 없다. 영화 〈그래비티〉에서 샌드라 불럭이 맡았던 주인공처럼 지구에 내려오자마자 벌떡 일어나서 움직이는 것은 어지럼증을 느끼지 않는 체질을 타고난, 극히 일부의 몇몇 우주인만 가능한 일이다. 불가능하지는 않지만 일반적이지는 않다.

　　나와 선장은 우리 몸을 끌고 기어 나오기도 힘든 상황이다 보니, 매달려 있는 폐기를 받치면서 풀어줄 수 없었다. "정말 미안하다"고 했지만 폐기는 우리가 자기를 내려줄 수 없다는 걸 너무나 잘 알고 있었다. 어쨌든 기다릴 수밖에 없었다. 두 사람은 밖에 누워서, 폐기는 우주선 안에 매달려서 기다렸다. 그런데 구조팀은 오지 않고 카자흐스탄의 유목민들이 다가왔다.

　　우리가 떨어진 곳 근처에 살면서 양 치고 염소 치는 유목민들이 하늘 멀리에서 뭔가가 떨어지더니 주변이 불타면서 나는 연기를 본 것이었다. '저게 뭐지?' 하면서 달려온 듯하다. 나중에 들어보니 한참 동안 우리를 지켜보고 있었다

● 구조팀이 도착한 직후

고 했다. 해치 열고 기어 나오는 것, 기어가다가 드러눕는 것까지 봤다고 한다. 그 부족 사람들은 유목민 생활을 몇백 년 동안 이어왔는데 이런 장면은 처음 봤기 때문에 놀란 가슴을 부여잡으며 뛰어왔다고 말했다. 하늘에서 떨어진 쇳덩어리에서 이상한 하얀색 옷을 입고 둥그런 모자를 쓴 뭔가가 나오더니, 걷지도 못하고 기어 다니는 모습을 본 사람들이 무슨 생각을 했을까.

　　소유스 우주선의 착륙 지점은 모두 카자흐스탄에 있다. 그래서 이 근처에 사는 유목민들은 우주선에 대해서 잘 안다. 심지어 가끔은 방금 착륙해서 힘없이 초원에 누워 있는 우주인들의 시계나 귀금속을 빼앗아 가는 유목민이 있어서 조심해야 한다는 이야기를 들을 정도였다. 그런데 우리가 떨어진 곳은 착륙 목표 지점에서 500킬로미터나 벗어나 있었고, 이 유목민은 우주선이 떨어지는 것을 처음 본 사람들이었다.

다행히 이들 가운데 소비에트연방 시절에 러시아 말을 배운 나이 지긋한 어르신이 한 분 계셨다. 서툰 러시아어였지만 그래도 의사소통이 가능한 상황이 너무 반갑고 감사했다. 유목민 한 분이 우주선 안에 들어가서 페기를 받치고, 유리가 따라 들어가 안전띠를 풀었다. 우리 셋은 '구조팀이 우릴 찾겠지' 하고 믿으며 초원에 드러누워 있었다. 햇빛 때문에 눈이 무척 부셨는데, 이불도 덮어주고 눈도 가려주었다. 정말 고마운 분들이었다.

그런데 아무리 기다려도 구조팀이 오지 않았다. 유목민 한 분에게 우주선에 들어가서 GPS와 이리듐 위성 전화를 찾아달라고 부탁했다. 전자 제품을 본 적이 없는 사람이 그걸 알 리가 없었다. 그래서 요만한 크기의 검은색 물건이라고 설명했다. 우리는 우주선에 다시 들어가서 찾을 힘도 없었다. 그분이 들어갔다 나왔다 하면서 "이거야?" 물으면 "아니"하며 몇 번을 반복해 겨우 찾았다. 위성 전화로 통화를 해서 비로소 중앙통제센터도 우리가 대략 500킬로미터 떨어진 곳에 낙하했다는 것을 알게 되었다.

중앙통제센터가 착륙하는 우주선의 위치를 놓치는 일은 극히 드물다. 원래는 헬기 3대가 와야 하는데 다 오기에는 거리가 멀어 연료가 부족한 상태라, 충분한 연료를 가진 가장 큰 헬기만 급히 의료팀을 데리고 우리가 있는 곳으로 왔다. 반가워할 겨를도 없이 웃지 못할 일이 일어났다. 헬기에서 내린 구조팀이 유목민에게 당장 멀리 떨어지라고 소리를 지르며 밀쳤다. 이제껏 힘든 우리를 도와주신 분들께 무례하게 대하는 구조팀이 어이없었고, 창피하고 면목이 없는데, 일어나지도 움직이지도 못하다 보니 어쩔 도리가 없었다. 이내 구조팀은 소유스 우주선부터 헬기까지 리본을 두르며 그 바깥으로 유목민들을 밀어냈다. 우리에게 그들이 해치지는 않았는지, 뭘 가져가지는 않았는지를 물어서 난 그제야 왜 구조팀이 유목민을 매섭게 대했는지 이해할 수 있게 되었다.

그런데 우주인 셋을 헬기로 옮기고 우주복을 벗기고 담요를 덮어주고 건강 상태를 체크하는 과정을 모두 감당하기에는 헬기 1대에 타고 온 구조팀의 손이 부족했다. 유목민들이 우리를 도와주고 있었다는 상황을 알게 된 구조팀은 결국 리본 바깥으로 나가 사과하고, 도움을 청했다. 미안할 정도로 착한 그분들은 또다시 오셔서 우주인을 헬기로 옮기는 것을 도와주셨다. 헬기에 앉아 건강 체크를 받던 나는 그저 이들이 온 것만으로도 정말 감사했는데, 러시아 구조팀은 연신 내게 한국팀을 태운 헬기가 못 오고 우리만 와서 미안하다고 했다. 이 이야기를 할 때마다 주변에선 '영화로 만들어야겠는데!'라고 한다.

사고의 원인은 모듈이 제대로 분리되지 않은 것이었다. 소유스 우주선은 크게 세 부분으로 이루어져 있다. 발사할 때와 착륙할 때 우주인들이 타는 곳은 착륙 모듈Decent module이다. 착륙 모듈 앞에 붙어 있는 것은 궤도 모듈Orbital module로 짐을 싣는 공간이면서 우주인들이 잠시 생활할 수 있는데 화장실도 여기에 있다. 발사 후 도킹을 하기 전까지 착륙 모듈에서 이곳을 오가며 생활한다. 착륙 모듈의 뒤쪽에 붙은 것은 전원을 공급하고 엔진과 각종 기계 장비들이 설치되어 있는 서비스 모듈Service module이다. 태양전지판이 펼쳐지는 곳이 이 모듈이다.

귀환할 때는 역추진을 해서 재진입을 시작하고 대기권에 본격적으로 진입하기 전, 궤도 모듈과 서비스 모듈이 분리되어야 한다. 그러면 우주인이 타고 있는 착륙 모듈을 제외한 나머지는 대기와의 마찰로 타서 없어지고, 착륙 모듈만 지상으로 내려가게 된다. 그런데 여기서 궤도 모듈이 제대로 분리되지 않은 것이 문제였다.

착륙 모듈은 원뿔 모양으로 생겼고 위쪽의 해치 부

분은 궤도 모듈과, 아래쪽 바닥 부분은 서비스 모듈과 연결되어 있다. 정상적인 경우라면 아래쪽 평평한 바닥 부분이 땅을 향하면서 내려온다. 그래야 대기와의 마찰로 속력을 줄이는 효과가 생긴다. 이쪽에는 타일 같은 열 차폐체가 잔뜩 붙어 있어서 마찰에 의해 온도가 올라가는 것을 막아주기도 한다.

그런데 궤도 모듈이 제대로 분리되지 않았기 때문에 위쪽이 더 무거워 거꾸로 뒤집힌 채로 내려온 것이다. 분리되지 않은 궤도 모듈 일부는 대기와의 마찰로 타버렸다. 내가 창밖으로 본 불꽃이 그것이었던 듯하다. 얼마만큼의 궤도 모듈이 분리되고 얼마만큼이 제대로 분리되지 않았는지는 알 길이 없다. 둘 다 모두 타서 사라졌고, 그 상황을 밖에서 목격한 사람도 없기 때문이다.

분리되지 않은 궤도 모듈은 모두 타서 없어졌지만, 그것 때문에 착륙 모듈은 뒤집힌 채로 내려왔다. 원뿔 모양 모듈의 뾰족한 부분인 이곳이 바닥을 향한 채로 낙하하는 과정에서 열차폐체가 없는 해치 쪽이 강한 열을 받아 안테나는 완전히 타버렸고, 해치도 일부 탔던 것이다.

천만다행인 일은 낙하산이 제대로 펼쳐진 것이었다. 정상적인 상황이라면 아래쪽이 바닥을 향해 내려오면서 위쪽인 해치 쪽에서 낙하산이 펼쳐진다. 그러면 내부에서는

● 착륙지의 모습

순간적으로 위쪽 방향의 가속도를 느꼈을 것이다. 그런데 우리는 뒤집힌 상태로 내려오고 있었기 때문에 낙하산이 펼쳐지는 순간 모듈이 다시 뒤집어지면서 정상적인 방향이 되었다. 하지만 속도가 충분히 줄어들지 않았기 때문에 착륙할 때의 충격은 상당히 컸다. 그 충격으로 모듈은 옆으로 쓰러졌고, 아직 뜨거운 해치의 열 때문에 주변 평원이 꽤 넓게 타기도 했다.

중앙관제센터에서는 우주선의 위치도 놓치고 통신

까지 두절되었기 때문에 최악의 상황도 염두에 두었다고 했다. 이에 대해서는 사고 조사반이 조직되었다. 다음에 또 이런 일이 일어나지 않게 대비해야 하니 당연한 것이다. 우리가 타고 온 소유스 우주선은 산산이 분해되었다. 어디가 문제였는지 알아보기 위해서 아주 작은 부품까지 다 분해했다고 한다. 당연히 블랙박스도 확인하고 컴퓨터 메모리도 분석했다. 그리고 조사 결과는 탑승한 우주인들에게 가장 먼저 알려주었다. 우리의 목숨이 달렸던 문제였기 때문에 이 역시 당연한 일이다. 그러면서 어디까지 공개하면 좋겠는지도 우리에게 먼저 물어보았다. 우리가 그 권리를 가진 사람들이었으니까. 정부가 먼저 결정하고 발표해서 당사자들이 뉴스로 접하게 되는 일이란 있을 수 없다. 러시아는 그런 부분의 규정이 무척 엄격했다. 우주탐사의 오랜 역사를 가진 우주 강국다운 조치였다.

돌아온 뒤 회복 과정을 거치는 동안 나는 내가 겪은 일들이 얼마나 위험한 상황이었는지 알지 못했다. 외부와 차단되어 있었기 때문이다. 그런데 조사 결과 브리핑을 받을 때 조사반분들이 울먹이는 목소리로 말했고, 이 말을 듣자 정말 무서웠다.

"너희 그 열에 5초에서 10초만 더 노출되었어도 다 불에 타죽었을 거다. 아마 고통조차 못 느꼈을 거야. 심지어 불길에 휩싸였다는 생각도 할 수 없었을 거야."

1967년 블라디미르 코마로프Vladimir Komarov가 귀환하다가 낙하산 오작동으로 우주 비행 중 사망한 최초의 우주인이 되었고, 1971년 귀환 과정에서의 사고로 세 명의 우주인이 목숨을 잃은 이후 소유스 우주선은 지금까지 인명 사고가 없다. 그만큼 안정성이 높은 우주선이라는 말이다. 우리가 겪은 일은 위의 두 사고 이후에 일어난 상황 중에서도 가장 위험했던 것 중 하나로 꼽힌다. 아마 그 뒤 소유스 우주선의 안정성을 높이는 데 조금이나마 기여했을 것이다.

이 사고에 대해서는 NASA에서도 아주 심각하게 반응했다. 여성 최초로 국제우주정거장 선장을 맡았던 페기 윗슨이 포함되어 있었기 때문이었다. 우리나라에서는 사고가 있었다는 사실 이외에 자세한 내용은 별로 알려지지 않은 것으로 알고 있다. 대한민국 최초 우주인 배출 사업이 사고로 마무리되었다는 식으로 퍼지면 불편한 분이 많았을 것이다. 그래서인지 한참 시간이 지나기 전까지 사고에 대한 질문은 그다지 받아본 적이 없다. 뭐, 설사 질문을 받았다 해도 그렇게 위험한 사고였다고 대답하기는 어려웠을 것이다…. 어쨌든 무사히 살아 돌아왔으니까 괜찮다.

우주인들에게 이 사고는 꽤 오래 회자되었다고 한다. 우주에 여러 번 다녀온 사람도 겪을 기회가 거의 없기 때문에 사고를 경험한 우주인은 우주인들 사이에서도 드문 존재다. 해마다 우주인들이 모이는 우주탐험가협회Association of Space Explorer가 있는데, 여기에 참가하면 많은 분이 사고에 대해서 물어보고 이야기를 듣고 싶어 했다. 사고 덕분에(?) 우주에 한 번밖에 다녀오지 않았지만 우주인들 사이에서는 베테랑 못지않은 대접을 받았다.

귀환할 때의 선장 유리 말렌첸코는 30대 초반이었던 1994년 에 첫 번째 우주 비행으로 미르Mir 우주정거장을 방문했고, 내가 국제우주정거장에 간 당시에 이미 네 번째 우주인 임무 를 수행 중이었다. 2000년에는 미국의 우주왕복선 아틀란티 스호에 탑승하기도 했다. 우주유영도 몇 차례나 한 베테랑 중의 베테랑이었다.

미르는 1986년 소련에서 발사한 우주정거장이다. 달 탐사에서 미국에 패한 소련은 우주정거장 건설을 통해 패 배를 만회한다는 목표로 1971년부터 소규모 우주정거장 살 류트Salyut를 발사했다. 미국은 이에 대응하여 더 우수한 우 주정거장인 스카이랩Skylab을 쏘아 올렸다. 그러자 소련이 우 주에서 조립하는 모듈형 우주정거장으로 개발한 것이 미르 다. 미르 우주정거장은 이후 냉전의 종식으로 미국과 러시아 를 포함한 여러 나라가 힘을 합쳐서 만든 국제우주정거장이 만들어질 때까지 대표 역할을 했다. 1987년 우주 비행사 유 리 로마넨코Yuri Romanenko는 미르 우주정거장에서 326일간 머물렀고, 발레리 폴랴코프Valeri Polyakov는 1994년 1월부터 1995년 3월까지 437일 동안 우주에 머무는 기록을 세우기도 했다.

말렌첸코가 첫 우주 비행을 했을 때 바로 발레리 폴랴코프가 미르 우주정거장에 있었다. 말렌첸코가 미국의 우주왕복선 아틀란티스에 탑승한 것은 당시 진행되던 국제우주정거장 건설 임무의 일환이었다. 그야말로 우주탐사의 역사와 함께한 산증인이라고 할 수 있는 분이다. 2003년에는 국제우주정거장에서 텍사스에 있는 신부와 결혼식을 올려 우주에서 결혼한 최초의 사람이 되기도 했다.

내가 본 말렌첸코는 웬만해서 웃지 않는 무뚝뚝한 사람이었다. 우주정거장에 있는 동안 나와는 말도 잘 나누지 않고 눈도 거의 마주치지 않았다. 사실 나는 그가 조금 무서웠다. 그런데 내 일기장에는 '친절하고 좋은 사람인 듯'이라고 적혀 있다. 살갑진 않아도 마음은 따뜻한 분이라고 느껴지는 순간이 있었기 때문이었다. 그와는 귀환 후 지상 적응을 위해 의료 시설에 함께 머무는 동안 대화를 하면서 많이 가까워졌다. 무사히 돌아오고 나서 그는 나에게 사과를 했다.

"네가 공학박사에, 훈련도 참 열심히 받았다는 이야기는 들었지만 마지막에 남자가 아니라 여자가 올라온다는 말에 불안했고 널 믿지 못했다. 그런데 함께 잘해줘서 고맙다."

우주 비행을 하는 동안 실제로 그는 내가 뭘 하든 재차 확인을 했다. 분명히 잘할 수 있는 일인데, 할 수 있겠느냐며 거듭 물어왔다. 그럴 때마다 나를 못 미더워하는 느낌을 받았지만 친절함으로 받아들여야 갈등이 안 생길 것 같아서 매번 고맙다고 했다. 계속해서 나를 확인할 수밖에 없는 위치에 있었으니 그로서도 어쩔 수 없었을 것이다. 최고 책임자였으니 그저 나를 그대로 믿을 수는 없었을 테니까.

말렌첸코는 이후에도 몇 번의 우주 비행을 더 했고, 2015년에는 소유스 우주선의 자동으로 도킹하는 시스템이 고장 난 상황에 수동으로 도킹을 성공시키기도 했다. 여러모로 우주탐사 역사에 중요하게 기록될 분이다.

페기 윗슨은 존재만으로도 고마웠던 사람이었다. 러시아에서 훈련받을 때도 여성 우주인이 거의 없는 상황에서 두 달가량 함께했다. 러시아 남자 군인들과의 단체 생활도 많이 도와주고 조언도 해주었다. 앞서 이야기했듯 내가 예비 우주인에서 탑승 우주인으로 갑자기 바뀌었을 때도 우주정거장에서 화상 통화로 격려해주기도 했다. 특히 우주정거장에서는 여성이 한 명 더 있다는 것만으로도 나에게는 위안이 되었다. 페기는 나의 롤모델이었기 때문에 그를 지켜보는 것이 즐거움이자 배움이었다. 나에게는 동료라기보다는 스승이고 영웅이었다. 우주정거장에서도 엄마처럼 잘 챙겨주었다. 아마 그도 나를 보살펴주고 싶었던 것 같다. 그래서 주사도 놔주고 옷도 주지 않았을까?

페기는 내가 우주에 머무는 동안 국제우주정거장의 선장을 맡고 있었다. 여성으로서는 최초였다. 2009년에는 역시 여성 최초로 NASA의 수석 우주인Chief Astronaut이 되었다. 2017년에는 다시 한 번 국제우주정거장의 선장이 되었고, 여성으로서 가장 오랜 시간 우주유영을 한 기록도 세웠다. 2018년 NASA에서 은퇴할 때까지 페기는 총 665일을 우주에 머물렀는데, 이것은 미국 우주인 전체를 통틀어 최고 기록이다. 여성으로서가 아니라 우주인으로서 전설적인 인물이라고 할 수 있을 것이다. 이런 분과 함께 기록에 남을 우주 비행을 했다는 사실은, 어쩌면 우주인에게 가장 영예로운 경험이라고 할 수도 있겠다.

내가 소유스 우주선을 타고 우주에 갈 때 선장이었던 세르게이 볼코프는 아버지 역시 우주 비행사였다. 볼코프는 세 차례 우주 비행을 했고, 네 차례에 걸쳐 총 23시간 20분의 우주유영 기록을 가지고 있다. 2016년에 있었던 네 번째 우주유영은 유리 말렌첸코와 함께했다. 세르게이 볼코프와 유리 말렌첸코가 같이 우주유영을 할 당시, 국제우주정거장 선장은 NASA의 우주인 스콧 켈리Scott Kelly였다.

스콧 켈리는 2015년부터 2016년까지 340일을 국제 우주정거장에서 보내며, 지구에서 생활한 사람과 비교해 어떤 신체 변화가 있었는지를 연구하는 실험에 참여한 것으로 유명하다. 그가 대상자로 선택된 이유는 우수한 우주 비행사여서이기도 하지만, 그에게 쌍둥이 형이 있었기 때문이었다. 더구나 쌍둥이 형 마크 켈리 또한 NASA의 우주 비행사였기 때문에 이 실험에는 가장 이상적이었다. 당시 마크 켈리는 우주 비행사를 은퇴하여 지구에 머무르고 있었다.

우주에 있는 동안 스콧 켈리의 신체 변화 연구 결과는 유명한 과학 저널인《사이언스》에 발표되었다. 종합적인 결론은 스콧 켈리의 대사산물과 장내 미생물 등에 변화가 있었지만 둘 사이에 건강상 뚜렷한 차이는 없다는 것이었다. 이 결과는 앞으로 인간의 우주여행을 준비하는 데 귀중한 자료가 될 것이다.

그는 연속 체류 기간으로는 미국인 최장 기록을 세웠으며, 자신의 경험을 바탕으로《인듀어런스》라는 책을 쓰기도 했다. 나는 우주탐험가협회에서 그를 몇 번 만난 적이 있는데, 나에게 자신이 우주에서 직접 찍은 한반도의 야간 사진을 선물로 주기도 했다.

함께 우주 비행을 하지는 못했지만 예비 우주인 훈

● 스콧 켈리가 찍은 한반도의 야간 사진. 한반도 전체가 아닌, 서울 근교에서 북한 방향을 촬영한 것이다 © Scott Kelly

련을 같이 받으며 나에게 많은 것을 가르쳐준, 예비 우주인 팀 선장 막심 수라예프도 너무나 고마운 분으로 기억에 남아 있다. 그 역시 대부분의 러시아 우주인과 마찬가지로 공군 조종사였지만, 법학 학위도 지녔다. 그는 2009년과 2014년 두 차례 우주 비행을 했고, 두 번 모두 우주유영을 했다. 그는 2016년에 우주 비행사를 은퇴하며 러시아연방의회 의원으로 선출되었다.

러시아에서 훈련을 받기 시작했던 2007년 초, 러시아 우주인 훈련소에서 아폴로 우주인을 만난 적이 있다. 당시 우주정거장에서 귀환한 우주인들을 환영하는 행사가 있었는데, NASA의 자문 위원으로 오신 것이다. 그 뒤 NASA 우주인 숙소에 다 같이 모여 조촐하게 애프터 파티를 연다고 해서 나도 참석했다. 그곳에 처음 보는 할아버지 한 분이 계시기에 누군지도 모르고 옆에 앉았다. 그랬더니 곁에 앉은 러시아 교관이 "저분 아폴로 우주인이잖아"라고 했다. 나는 소심하게 말도 못 걸고 계속 힐끔힐끔 쳐다보면서 앉아만 있었다. 그랬더니 그분이 먼저 "너 한국에서 온 애라면서" 하며 말을 건네셨다. 덕분에 이런저런 이야기를 하게 되었는데, 나는 '아폴로 의혹에 대해서 어떻게 생각하세요?'라고 너무너무 물어보고 싶었다.

사실 나는 우주인으로 선발되기 전까지는 우주에 거의 관심이 없었다. 그러다 우연히 '아폴로가 달에 가지 않은 이유' 같은 것을 어딘가에서 보고 '진짜 안 간 건가?' 하고 의문을 가졌던 적도 있다. 물론 그런 말을 믿은 건 아니지만 그래도 마침 당사자가 옆에 있으니 어떻게 생각하는지 정말 궁금했다. 하지만 실제로 다녀온 분에게는 예의 없는 질문일 수 있었기 때문에 물어보지는 못하고 계속 다른 이야기만 하면서 말을 빙빙 돌렸다. 그랬더니 그분이 알아차리고 말씀하셨다.

"뭐든 궁금하면 물어봐. 망설이지 말고!"

"제가 뭘 궁금해하는지 아시잖아요(웃음)."

"내가 미국 사람이니 미국식으로 설명해줄게. 너 그 시절에 그 정도 컴퓨터 그래픽 실력으로 전 세계 사람을 속이는 데 드는 비용이 얼마인 줄 아니? 달에 진짜로 가는 것보다 훨씬 비쌀 거야."

그렇지. 지금처럼 컴퓨터 그래픽이 좋다면 모를까 그땐 컬러 모니터도 없던 시절이었는데…. SF의 고전이라고 할 수 있는 스탠리 큐브릭 감독의 〈2001: 스페이스 오디세이〉가 나온 게 1968년이었다. 이 영화를 보면, 당시에는 놀라웠겠지만 지금은 누가 봐도 컴퓨터 그래픽이라는 것을 알 수 있다. 내가 충분히 납득했을 때 그분이 한마디 덧붙이셨다.

"갔다 온 척하는 것보다 실제로 갔다 오는 게 더 빠르고 쌌던 시절이었지."

지금도 '아폴로 달 착륙 음모론'은 여전히 인기 있는 주제이고, 아직도 혹시나 하고 의심하는 사람들이 꽤 있는 것 같다. 그런데 막상 우주에 대해 이해하고 보니 아폴로 달 착륙을 의심하는 이들이 내세우는 근거가 터무니없음을 알게 되었다. 실제로 그 주장에 하나하나 과학적으로 설명을 해놓은 책이나 사이트가 있지만, 대부분의 과학자는 굳이 반박의 필요성을 느끼지 않기 때문에 그냥 가만히 있는 경우가 많다.

달 착륙 음모론은 1976년 윌리엄 찰스 케이싱William Charles Kaysing이라는 사람이 자비로 출판한《우리는 달에 가지 않았다We Never Went to the Moon》라는 책에서 시작되었다. 이후 이 음모론은 꾸준히 명맥을 유지했고, 심지어 2001년에는 미국의 폭스TV에서 〈음모론: 우리는 달에 착륙했는가?Conspiracy Theory: Did We Land on the Moon?〉라는 다큐멘터리를 방영하며 아폴로 탐사선이 달에 간 적 없다는 주장을 펼치기도 했다. 나에게는 그 방송사의 수준이 얼마나 한심한지 자백하는 것으로밖에 보이지 않는다.

아폴로 11호의 달 착륙 당시 가장 큰 충격을 받았을 곳은 당시 우주탐사 경쟁을 하고 있던 소련이었다. 만일 아폴로 11호가 가짜였다면 소련이 가만히 있었을 리가 있겠는가? 당시 미국이 소련을 속일 만큼 실력이 좋았을까? 소련은 아폴로 11호의 궤적을 추적하고 있었고, 이들이 성공했음을 실시간으로 알았다. 내가 만난 러시아 우주인 누구도 이를 의심하지 않았고, 모스크바에 있는 우주항공박물관에는 아폴로 11호 모형과 세 명의 우주인 사진이 전시되어 있다.

NASA는 아폴로 11호뿐 아니라 이후 아폴로 12호

부터 17호까지 계속 달 착륙을 시도했고, 그중 아폴로 13호만을 제외한 나머지는 모두 달 착륙에 성공했다(아폴로 13호는 달에 가던 도중 폭발 사고로 임무에 성공하지 못했지만 다행히 무사히 지구로 돌아왔다. 이 과정은 톰 행크스 주연의 영화 〈아폴로 13〉으로 만들어졌다). 그러니까 모두 6회, 12명의 우주인이 달 표면에 내렸다. 이들은 달에서 총 380킬로그램의 암석을 가져왔다. 달 암석은 지구의 것과 뚜렷하게 구별되는 특징이 있다. 아폴로 우주인들이 가져온 달 암석은 전 세계 과학자들에 의해 분석되었으며 이에 따라 수많은 논문이 나왔다. 달 암석이 아니라는 것은 단 한 편도 없다. 소련이 세 차례에 걸쳐 무인 탐사선으로 달에서 가져온 암석은 총 326그램에 지나지 않는다. 가끔씩 달에서 떨어져 나온 운석이 지구에 추락하기도 하는데, 지금까지 수십 년 동안 수집한 걸 다 합쳐도 30킬로그램 정도다. 사람이 직접 가서 가져오지 않고서는 380킬로그램이나 되는 달 암석을 구할 방법이 없다.

사람들의 심리가 참 이상해서 구구절절 사실을 설명하면 오히려 의심하는 경우도 있다. 그래서 굳이 여기서 증거들을 늘어놓을 생각은 없다. 하나만 덧붙이자면, 아폴로 탐사선들의 흔적은 현재 달 주위를 도는 달 정찰 궤도선Lunar Reconnaissance Orbiter이 찍은 사진들에서도 잘 볼 수 있다.

미국은 달에 다시 사람을 보내려는 '아르테미스프

로젝트'를 진행하고 있다. 이 계획이 성공하기 전까지는, 여전히 달에 발을 디딘 사람은 역사상 12명뿐이다. 그중 한 명과 바로 옆에서 대화했다는 것은 지금도 자랑스럽고, 그런 분에게 '달 착륙 음모론' 같은 거나 물어봤던 2007년의 나는 지금 돌아봐도 너무나 부끄럽다.

별의 도시와 우주로켓

우주인 훈련소가 있는 곳은 모스크바에서 북동쪽으로 40킬로미터 떨어진, 아주 한적하고 작은 도시 '즈뵤즈드니 고로도크Звездный городок'다. 영어로는 '스타시티Star City', 우리말로 하면 '별의 도시' 정도가 될 것 같다. 고로도크는 러시아에서도 아주 작은 소도시를 일컫는 말이다. 별의 도시는 우리나라 웬만한 대도시의 동 하나보다 작은 규모였다. 하지만 독립건물로 구성된 우주 비행사 훈련 시설을 중심에 두고 그 바깥쪽으로 아파트, 기숙사와 같은 주거 시설, 병원, 상점, 문화센터, 체육 시설 그리고 학교와 호텔, 박물관까지 자리해 충분히 하나의 도시 기능을 갖추고 있다.

소련은 1960년부터 모스크바 우주 시설들과 가까우면서도 인적이 드문 이곳에 '우주 비행사 양성소'를 건립하기 시작했다. 냉전 시대에는 이미 러시아 공군 부대 안이라 보안이 유지된 곳이었음에도 높은 장벽과 전기 철망으로 둘러싸둘 정도로 비밀스러운 장소였다고 한다. 이곳의 정식 명칭은 '가가린 우주 비행사 훈련센터'다. 여기서 훈련을 받고 세계 최초의 우주 비행사가 된 유리 가가린의 이름을 붙였다. 러시아 어디를 가나 동상이 있을 정도로 유리 가가린은 대단한 영웅으로 인정받는다. 한때 미국을 앞섰던 러시아 우주 기술 자존심의 상징이라 할 수 있겠다.

우주인 선발 과정 중 최종 8명에 선발되어서 처음 별의 도시를 방문했을 때, 나는 살짝 충격을 받았다. 대도시 모스크바를 빠져나와 한적한 숲길을 한 시간가량 달려 도착했는데 입구에서부터 이곳이 최첨단 우주탐사를 실현하기 위한 관문이 맞을까 의심이 들 만큼 볼품없었다. 소유스 우주선, 미르 우주정거장 등의 실물 모형과 20년이 넘은 거대한 수중 훈련실 등은 낡아 보였고, 전체적으로 모든 건물과 시설이 오래된 느낌이었다.

훈련을 받기 시작하고, 구석구석을 돌아보고, 많은 사람을 만나고 나서 보니 수십 년 동안 쌓은 기술과 경험이 가득한, 이름 그대로 '별의 도시'가 확실함을 실감했다. 우주 개발 초기의 우주 비행사들이 미지의 우주 공간에서 살아남도록 여러 엔지니어가 상정한 엄청나게 가혹한 환경을 견디는 훈련을 받은 곳이 바로 여기였다. 그렇게 축적된 굉장한 자료와 경험을 바탕으로 전 세계 수백 명의 우주 비행사가 이곳에서 단련했다. 처음에는 볼품없이 작게 보였던 별의 도시가, 보면 볼수록 가능성으로 가득 찬 여느 대도시보다도 더 크게 느껴지는 경험을 했다. 이미 60년이 넘는 역사를 가진 가가린 우주 비행사 훈련센터는 지금도 안전한 우주 비행을 위해 우주인들을 훈련시키고 있다.

별의 도시 바로 앞 전철역 이름은 '치올코프스카야'다. 러시아의 경우도 보통 역 이름은 그 지역이나 근교의 주요 시설들에 따라 붙여지는 것 같았는데, 왜 이 역의 이름은 별의 도시나 우주 비행사 훈련센터가 아니라 '치올코프스카야'인지 처음에는 알지 못했다. 그 궁금증은 훈련센터에서 만난 우주인인 올레그 아르테미예프 덕분에 풀렸다. 훈련받는 동안 가까이 지낸 올레그는 너무나도 많은 도움을 주었고 언제나 친절했는데, 하루는 주말에 시간을 내어 칼루가에 있는 우주박물관에 가보자고 했다. 칼루가는 모스크바에서 두 시간 정도 떨어진 곳에 있는 도시고, 그곳에 '치올코프스키 박물관'이 자리했다. 별의 도시 앞 전철역 이름은 사실상 전 세계 우주개발의 아버지로 인정받는 콘스탄틴 치올코프스키Konstantin Tsiolkovsky의 이름을 붙인 것이었다.

치올코프스키의 출생 연도는 1857년이다. 다윈의 《종의 기원》(1859)이 출판되기도 전이다. 우주선은커녕 비행기도 등장하지 않았다. 그는 열 살에 성홍열을 앓아 청각을 잃었고, 열세 살에는 어머니를 여의었으며, 청각 장애 때문에 초등학교 입학도 허락받지 못해 집에서 혼자 공부해야

● 치올코프스키 박물관의 연구 공간

했다. 여러 분야의 책을 탐독하던 치올코프스키는 수학과 물리학에 특히 흥미를 느꼈고, 10대부터 우주여행의 가능성에 대한 고민을 하기 시작했다고 한다. 아마도 쥘 베른Jules Verne의 SF에서 영향을 받았을 것이다. 쥘 베른의《지구에서 달까지》가 1865년,《달나라 탐험》이 출판된 것이 1869년이었다.

　　그러고 보면 사람들은 참 오래전부터 우주여행에 대한 관심이 많았던 것 같다. 나중에 치올코프스키가《달나라 탐험》이 허황된 이야기라고 비난하기는 했지만, 그건 아마도 우주여행에 대한 과학적인 연구를 한 이후가 아닐까 짐작된다. 그는 16세부터 3년 동안 보청기를 착용하고 모스크바 도서관에서 강의를 들었고, 고향으로 돌아온 후 교사 시험에 통과하여 선생님이 되었다. 35세가 된 1892년에 칼루가에 있는 학교로 자리를 옮겨 1935년 78세로 사망할 때까지 이곳에서 살았다. 치올코프스키 박물관은 그가 살았던 집을 개조해서 만든 것이다.

우주개발에 대한 그의 아이디어에는 추력 방향을 변경할 수 있는 로켓, 다단 로켓, 우주정거장, 우주로의 출입이 가능한 에어로크, 우주에서 생활하기 위한 생명 유지 시스템, 자이로스코프를 이용한 자세제어, 우주 엘리베이터 등이 있다. 우주 엘리베이터는 1889년에 완공된 에펠탑을 보고 영감을 받은 것이라고 한다. 치올코프스키는 1890년대 중반부터 본격적으로 우주여행 방법에 대한 연구를 했고, 1897년에는 로켓의 운동에 대한 공식인 '치올코프스키 로켓 방정식'을 발표했다. 이 방정식은 우주선과 연료의 질량, 로켓의 추진제 분출 속도를 이용하여 로켓의 속도를 구하는 것인데, 여러 조건에 맞게 변형된 형태로 지금도 사용된다.

1903년에 발표된 〈로켓을 이용한 우주 공간 탐사〉는 우주탐사 역사에서 가장 중요한 논문이라고 할 수 있다. 여기에 치올코프스키는 로켓이 우주 비행에 이용될 수 있음을 처음으로 제안했다. 지금은 누구나 다 아는 상식이지만, 당시에는 로켓이 진공인 우주 공간에서 비행할 수 있는 방법이라는 사실을 이해하지 못하는 사람이 많았다. 심지어 세계 최초로 액체추진체를 이용한 로켓 발사에 성공한 미국의 로버트 고다드Robert Goddard가 처음으로 로켓 실험에 대한 아이디어를 발표했을 때, 1920년 1월 13일 자《뉴욕타임스》에는 다음과 같은 기사가 실렸다.

고다드 교수는 작용 반작용 관계와, 반작용을 할 진공보다 더 나은 무언가가 필요하다는 것을 알지 못한다. 바보 같은 소리다. 그는 고등학교 수준의 지식도 부족해 보인다.

　《뉴욕타임스》에서는 로켓의 원리를 추진제가 공기를 밀면 반작용으로 공기가 로켓을 밀어서 로켓이 앞으로 나간다고 오해한 것이었다. 그래서 진공에서는 밀 공기가 없기 때문에 작동할 수 없다고 생각했다. 지금도 이렇게 오해하는 이들이 꽤 많은 것 같다. 로켓의 원리는 로켓이 추진제를 밀면 그에 대한 반작용으로 추진제가 로켓을 미는 것이다. 이것이 작용 반작용의 원리이고, 작용 반작용을 잘못 이해한 건 고다드가 아니라《뉴욕타임스》였다.《뉴욕타임스》는 1969년 아폴로 11호가 달 착륙을 했을 때 비로소 이 기사에 대한 정정 및 사과 기사를 냈다. 물론 고다드는 이미 오래전에 사망한 뒤였다. 고다드가 처음 성공한 액체로켓의 개념도 치올코프스키가 1903년 논문에서 제안했던 것이었다.

　치올코프스키는 지구의 중력을 벗어나기 위해서는 다단 로켓이 필수라고 생각했다. 지상에서 지구의 중력을 벗어나기 위한 탈출속도는 초속 11.2킬로미터다. 총알의 속도가 초속 1킬로미터 정도니까 총알보다 11배 이상 더 빨라야 지구의 중력을 벗어날 수 있다는 말이다. 하지만 지상에서 로켓이 실제로 이 속도로 발사되는 것은 아니다. 탈출속도는 지상에서 이 속도가 되면 더 이상 추진을 하지 않아도 지구의 중력을 벗어날 수 있다는 뜻이다. 로켓은 한 번에 끝내는 것이 아니라 계속 추진을 하기 때문에 탈출속도에 도달하지 않아도 지구의 중력을 벗어날 수 있다. 한 단의 로켓만으로 이것이 가능하다면 좋겠지만 중력은 그렇게 만만하지 않다. 치올코프스키는 자신의 방정식을 이용하여 한 단의 로켓으로 지구의 중력을 벗어나는 것은 비효율적이기 때문에 반드시 다단 로켓을 이용해야 함을 보인 것이다. 다 알다시피 현재 사용되는 모든 로켓은 2단 이상의 다단 로켓으로 구성되어 있다.

치올코프스키의 아이디어는 미국과 러시아 로켓의 원조가 된 V2 로켓을 만든 베르너 폰 브라운에게도 영향을 주었다. 소련은 제2차 세계대전 직후 독일의 로켓 연구 시설에서 독일어로 번역된 치올코프스키의 책을 발견했는데, 그 책의 거의 모든 페이지에는 베르너 폰 브라운의 코멘트와 메모가 적혀 있었다. 그의 업적은 소련의 로켓 개발에 참여한 과학자들과 이후 미국, 유럽의 과학자들에게 큰 영향을 미쳤다. 치올코프스키는 죽기 전에 자신의 일생에 걸친 연구 업적을 소련 정부에 유증했고, 그의 장례식은 국장으로 치러졌다. 소련이 세계 최초의 인공위성 스푸트니크 1호를 발사한 1957년은 치올코프스키 탄생 100주년이 되는 해였다.

칼루가의 치올코프스키 박물관은 그가 살던 집을 개조한 것이기 때문에 외관상 화려해 보이지 않았고, 그냥 평범한 러시아식 가옥 같았다. 하지만 내부에는 치올코프스키의 업적을 이해할 수 있는 신기한 전시물이 가득했다. 치올코프스키 박물관을 방문하고 나니 왜 별의 도시 바로 앞 전철역 이름이 '치올코프스카야'인지 확실하게 이해가 되었다. 나에게 치올코프스키를 알게 해준 우주인 올레그 아르테미예프는 내가 우주 비행을 한 후에 세 차례 우주 비행을 했고 총 616일 동안 우주에 머물렀다.

내가 생각지도 못했던 우주인 훈련을 받고, 우주 비행을 하고, 귀환을 하다 죽을 뻔한 고비를 넘기고, 너무나 소중하고 귀한 인연들을 맺게 된 것은 다 우주인으로 선발되었기 때문이다. 대한민국 우주인 배출 사업은 2000년 12월 '우주개발 중장기기본계획'에 처음 반영되었다. 2004년 9월, 오명 과학기술부 장관과 러시아연방의 페르미노프 우주청장이 공동 성명을 채택하고 한국의 우주인 배출 사업에 대해 공동 협력하기로 합의했다.

　　2005년 11월, 한국항공우주연구원을 우주인 배출 사업의 주관 사업자로 선정하고 우주인 선발 과정에 착수했다. 2006년 3월 23일, 정부는 '한국우주인배출사업추진안'을 공식 확정하고 4월 4일, 한국우주인배출사업추진위원회를 개최하여 우주인 선발 계획을 확립한 다음, 4월 21일 과학의 날에 맞춰 우주인 선발 출정식을 열면서 접수를 시작했다. 우주인 선발 출정식은 서울시청 앞 광장에서 이루어졌고, 주관 방송사인 SBS에서 생방송으로 진행되었다.

이러한 일이 일어나는 동안 나는 카이스트 바이오시스템학과 연구실에서 졸업을 고민하고 있었다. 박사과정 학생이었고, 우주에는 눈곱만큼도 관심이 없는 사람이었다. 어릴 때 별을 본 기억도 없고, 닐 암스트롱을 제외하고는 아는 우주인 이름 하나 없을 정도로 우주 분야 문외한이었다. 닐 암스트롱도 워낙 유명하다 보니 귀에 들어와서 기억에 남았을 뿐이지 내가 궁금해서 찾아본 것도 아니었다.

당시 나의 일과는 연구실에 출근해 커피 마시며 연구실로 배달된 신문을 보는 것으로 시작되었다. 어느 날 특집 기사를 보고 우주인 선발에 대해 처음 알게 되었다. 신기하다는 생각이 들어 연구실 선배들과 이런저런 이야기를 하던 도중 "네가 가봐라" 하는 말이 나왔다. 카이스트 대학원 박사과정의 남자들은 거의 대부분 병역 특례에 속해 있기 때문에 사실상 박사과정 연구 외에 다른 것을 해볼 수 없는 사람들이었다. 게다가 "나는 처자식이 있으니 너밖에 없네"라는 식의 농담이 오갔다. 거의 장난으로 시작된 이야기였지만, 듣고 보니 관심이 가기 시작했다.

당시 내게는 '언제쯤 박사 졸업을 할까, 졸업을 하기는 할 수 있을까, 졸업을 하면 무엇을 하나' 같은 것이 주된 고민이었다. 이때만 하더라도 바이오시스템 관련 전공으로는 우리나라에서 자리를 잡기가 쉽지 않아 보였다. 지금이야코로나 팬데믹 상황에 한국에서 만든 진단기나 백신을 전 세계에 수출할 정도로 의료 기기 강국이 되었지만, 당시만 해도 바이오시스템, 바이오엔지니어링은 낯선 분야였다. 그래서 나는 아무래도 졸업하고 나면 미국에서 박사후연구원을 지내고 와야 하지 않을까 생각하고 있었다. 당시 UC버클리와 공동 연구를 하면서 왕래했기 때문에 그리로 가면 좋겠다는 바람도 있었다. 하지만 2003년 잠시 교환학생으로 갔던 버클리 캠퍼스에서 만난 미국뿐 아니라 일본, 중국 친구 들 모두 너무나 뛰어났다. 그래서 어떻게 하면 내가 이 쟁쟁한 사람들 사이에서 돋보이는 무언가를 만들 수 있을까, 고민을 항상 했다.

그러다 문득, 우주인 선발에 지원해서 300명 안에 들면 이력서에 한 줄은 쓸 수 있겠다는 생각이 들었다. 그런 경력이 모범생으로 넘치는 지원자 가운데 눈에 띄지 않을까 하는 잔꾀라고 할 수 있겠다. 그래서 나의 목표는 300명 안에 드는 것이었다. 접수한 사람이 3만 6,000명이나 되기 때문에 300명이면 1퍼센트 안에 들어야 한단 이야기다. 쉬운 목표는 아니었다.

1차 선발 첫 번째는 기초 체력 평가로, 대전에서는 연구단지 종합운동장에서 카이스트 후문까지 왕복 3.5킬로미터 달리기였다. 마침 내가 있는 곳에서 아주 가까워서 평가일 전에 그 코스 그대로 뛰어본 결과, 제한 시간 안에 들어오는 것은 문제가 없어 보였다. 사실 나는 당시 매일 5킬로미터 정도 조깅을 하고 있었기 때문에 달리기가 어려운 상황은 아니었던 데다, 심지어 평소 코스와 많이 겹치기까지 했다. 열심히 연습해서 최대한 기록을 당겨보려다가 항공우주연구원의 제한 시간을 기준으로 한 통과 탈락pass-fail 방식이라는 설명을 다시 확인하고 나니 단축은 별 의미가 없어 보였다. 그냥 제한 시간 안에만 들어오기로 했다.

두 번째는 영어와 종합 상식 시험이었다. 사실 공학도(혹은 공돌이)들에게 가장 어려운 관문은 종합 상식이다. 실험실 선배들은 "너는 이 종합 상식 시험만 통과하면 무조건 1차는 통과할 거다"라고 했다. 기본 신체검사도 있었지만 선배들은 거기에 대해서는 아무런 걱정을 하지 않았다. "너처럼 체력 좋고 건강한 사람이 어디 있겠느냐"면서….

종합 상식 시험을 무사히 잘 치렀는지 1차를 통과했다는 소식을 듣게 되었다. 1차에 선발된 사람은 300명이 아니라 245명이었다. 300명 안에만 들어도 충분하다고 생각했는데 245명 안에 들었으니 목표는 달성했다. 하지만 사람 마음이라는 게, 떨어졌으면 모르겠지만 선발되었는데 중간에 그냥 그만두고 싶지는 않았다. 그때부터의 목표는 '그래, 어디까지 가나 보자'가 되었다. 2006년 10월 21일, 대전 항공우주연구원 내 특설 무대에서 우주인 1차 선발을 알리는 축하 쇼가 열렸고, SBS에서 생방송으로 나갔다.

2차 선발은 245명 가운데 30명을 뽑는 것이었다. 나는 그때 이미 여기서 선발되는 것은 실력보다 운이 더 중요하다는 생각을 하게 되었다. 객관적으로 보기에 나보다 훨씬 뛰어나 보이는 사람 중에서 1차에 탈락한 분들도 있었다. 그리고 2차 선발 과정에서 만난 이들 역시 '우리나라에 이렇게 훌륭한 분이 많았구나' 싶을 만큼 대단한 사람들이었다. 2차 선발 과정은 주말 이틀에 걸쳐서 진행되었는데 심층 체력 검사, 정신 심리 검사, 면접 등이었다. 나는 최선을 다해 임했지만 당연히 이게 마지막일 거라고 생각했다. 그래서 당시 지도 교수님께도 말씀드리지 않았고, 실험실 선후배들에게는 밥과 술을 뇌물로 바치며 입막음을 하고 있었다.

그런데 생각지도 못하게 2차를 통과하면서 고비가 왔다. 이제 30명으로 압축되었기 때문에 선발된 사람은 공식적으로 방송과 신문에 사진과 소속이 공개될 예정이었다. 따라서 계속 참여할 것인지 아니면 중단할 것인지 동의를 얻는 절차가 있었다. 나는 아직 지도 교수님은 당연하고 부모님께도 말씀드리지 않은 상태였기 때문에 시간을 좀 달라고 했다.

일단 집으로 내려가 가족을 만났다. 말도 없이 갑자기 내려온 나를 보고 부모님은 내가 학교를 그만둔 건 아닌지 염려하셨다. 상황을 말씀드렸더니 엄마의 대답은 내겐 정말 반전이었다.

"그럴 줄 알았다."

아빠는 너무 당황하시기에, 왜 그러시냐고 여쭈어 보았다.

"사무실에서 신문 보면서 또 세금 가지고 쓸데없는 일 한다고 동료들한테 욕했는데."

어쨌든 집은 정리가 되었다. 문제는 지도 교수님이었다. 박사과정 학생이, 그것도 졸업을 얼마 남기지 않은 대학원생이 연구 이외에 다른 일을 하는 것을 좋아할 지도 교수는 없다. 말씀드리기 위해 교수님 방을 찾았을 때 실험실 사람들은 모두 문에 귀를 대고 있었다고 한다.

"네에? 이소연 씨는 이소연 씨가 될 거라고 생각해요?"
"제가 선발될 거라고 생각하진 않지만 그래도 탈락할 때까지는 해보고 싶습니다. 떨어지면 앞으론 절대 한눈팔지 않고 연구만 하겠습니다."

나중 일이지만 내가 최종 8명에 선발되어 러시아로 가기 전에 교수님께서 자리로 찾아오셨다.

"이왕 이렇게 된 이상, 선발되어야 하지 않겠어요."

2차에서 선발된 30명은 청주에 있는 항공우주의료원에서 머리부터 발끝까지 정밀 건강검진을 받았다. 10명씩 일주일 동안 진행되었고, 저녁마다 정기영 원장님이 한두 명씩 불러서 상담을 하셨다. 끝내고 돌아온 사람에게 물어봤더니 '어디에 뭐가 있다는데, 일상생활에는 지장이 없지만 우주인이 되려면 문제가 될 수 있다', '특별한 문제는 없지만 다른 사람과 이런 부분이 다르니 알고 있어라' 이런 내용이었다. 그런데 마지막 날까지 나는 부르지 않았다. 궁금해서 원장실로 직접 찾아갔다.

"왜 오셨어요?"
"다른 사람은 모두 부르셨는데 저는 찾지 않아서, 궁금해서 왔습니다."
"이야기할 게 없어요."
"예?"
"아무것도 없어요. 나도 병원 운영하면서 이렇게까지 검사하는데 아무것도 안 나오는 사람은 처음 봤어요."

나 역시 좀 당혹스러웠다. 사실 아무리 건강 관리를 한다고 해도 타고난 것은 어쩔 수가 없는 법이다. 이렇게 건강한 몸을 물려주신 부모님께 감사하는 마음이 들었다. 그리고 이제 약하고 청순한 이미지는 끝이구나, 하는 생각도 들었다. 뭐, 그런 적도 없었지만.

한 달여 간의 3차 과정 때는 선발 테스트와 방송 출연, 인터뷰 등으로 아주 바빴다. 이 기간 동안 정말 신선한 경험을 하고 새로운 것을 느끼게 되었다. 당시 나는 박사과정 대학원생이었고, 과연 졸업을 할 수 있을까를 걱정할 정도로 연구와 실험 진도가 잘 나가지 않는 상황이었다. 몇 년 동안이나 월화수목금금금인 대학원 생활을 하다 보니 매너리즘에 빠져 있기도 했다. 연구가 신이 나지도 않고 '내가 지금 뭘 하고 있나' 하는 고민이 컸다. 어려운 문제를 해결할 만한 창의적인 아이디어도 잘 나오지 않았다. 많은 대학원생이 느끼는 것이겠지만, 박사 4년 차쯤에는 내가 세상에서 가장 멍청한 사람이 아닌가 생각하기도 했다.

그런데 우주인 선발 기간에는 주말마다 해야 할 일이 있어 주중에 정말 바쁘게 일해야만 했다. 그리고 토요일, 일요일에 갈 곳이 있다고 생각하니 생활에도 활력이 생겼다.

주말에 나가려면 오늘까지 이만큼은 끝내야 해서 효율도 훨씬 높아졌다. 그래서 나는 지금도 후배들에게 반드시 주말에는 딴짓을 하라고 권한다. 취미 활동이나 다른 걸로 에너지를 얻어야 본업도 더 잘할 수 있다. 모든 시간을 바친다고 일이 잘되는 건 아니다. 나는 우주인 선발 과정 자체에 감사했다. 이 일이 아니었다면 정말 무사히 졸업을 할 수 있었을까? 잘 모르겠다. 아마도 그 힘으로 러시아에서 우주인 훈련을 받으면서 박사학위 논문을 완성할 수 있었던 듯도 하다.

2006년 11월 24일, 30명이 SBS에 모였고, 10명 선발 과정이 생방송으로 중계되었다. 선정된 10명은 바로 합숙에 들어간다고 했다. 휴가 신청서를 제출하면서 "10명 안에 들면 금요일까지 휴가로 해주시고, 아니면 목요일만 휴가로 해주세요" 했더니 직원분이 웃으셨다. 고속버스와 지하철을 타고 SBS로 향했다. 대전에서 나름 부지런히 달려간다고 갔는데도 결국 살짝 지각을 했다. 다행히 너무 늦지는 않아서 옷을 갈아입고 분장까지 무사히 마쳤다. 항공우주의료원에서 만났던 10명이 아닌 나머지 20명은 처음 보는 자리여서 조금은 서먹했지만, 같은 목표를 가지고 달려온 사람들이라 그런지 친숙한 느낌도 들었다.

박상원 씨의 진행으로 텔레비전에서나 보던 무대에 섰고, 선정자 발표를 위한 프로그램이 시작되었다. 우주인 선발에 참여하면서 우리가 보는 건 단 10분일지라도 그것을 준비하고, 촬영하고, 방송이 되는 데까지의 노력은 10배 이상 든다는 것을 알게 되었다. 처음에는 신기하고 방송 나간다는 사실이 신나기만 하다가 어느 순간 귀찮아지기도 했다. 또 어떨 때는 견디기 어렵고 짜증이 나기도 했던 방송국 사람들이 다시 언제부터인가 점점 친근하게 느껴지기 시작했다. 왠지 대학원에서의 내 삶과 많이 닮은 듯도 했다.

짤막한 최종 발언을 하고 발표를 했는데, 어떻게 했는지, 그 시간들이 어떻게 지나갔는지 도통 생각이 나지 않는다. 워낙 추웠고, 이제까지의 촬영 과정 중 가장 많은 카메라 앞에 서 있어서 그랬는지 영 떨리고 정신이 없었던 것 같다. 박상원 씨가 선정된 10명을 한 명 한 명 호명하는데, 여덟 번째까지 내 이름이 나오지 않았다. 공돌이의 기본 자세로 짧은 순간에 계산해본 결과 내가 선정될 확률은 아주 낮았다. 30명 중에 여성이 겨우 다섯인데 이미 2명이 정해진 상황이고, 전체 3분의 1 확률 중 이미 5분의 2가 되었으니 여성은 이제 끝났다는 생각이었다. 그런데 예상을 뒤엎고 아홉 번째로 이름이 불렸다. 사실 욕심 내어 '꼭 10명 안에 들어야겠다'고 생각한 것은 아니었지만, 그래도 떨어지지 않고 선정되었다는 사실은 기분이 좋았다. 그렇게 합숙이 시작되었다.

합숙 과정에서는 여러 조별 임무를 수행하고 몇 가

지 테스트를 받았다. 그냥 합숙이 아니라 10명 가운데 다시 8명을 선발하는 과정이었다. 나에게 가장 힘들었던 일은 합숙 기간에 생리가 시작된 것이었다. 숙소는 남녀 구별 없이 10명이 모두 둥그렇게 발을 마주 대고 누워서 자는 구조였고, 화장실은 추위를 뚫고 한참을 가야 하는 다른 건물에 있었다. 잠도 제대로 자지 못하고 무리를 하는 탓에 생리통은 그 어느 때보다 심했다. 몸과 마음이 편할 때 그다지 고통 없이 지나가도 짜증 나고 불편한데, 하필 몸과 마음이 모두 편치 않은 시기라 엄청난 괴로움이 함께 왔다. 사실 서 있기도 힘들 만큼 허리가 쑤셨고, 간간이 자지러지게 배가 아팠지만 내색하지 않고 내가 맡은 일을 다하려고 정말 용을 썼다. 화장실을 같이 사용한 여성들을 제외하고는 아무도 눈치채지 못했기를 지금도 바라는 바다. 나에게는 육체적으로 참 힘든 시간이었다.

　　나는 딱히 우주인으로 최종 선발이 될 거라고 믿고 지원한 것도 아니었고, 애초의 목표는 1차 300명이었기 때문에 '무슨 영화를 보자고 몸도 힘든데 이렇게까지 해야 하나' 하는 생각도 들었다. 하지만 여기에서 그만두면 '낙오자'로 알려질 수 있다. 그것도 마땅찮았지만 무엇보다 그 원인이 나의 생리 현상 때문이라면 많은 사람이 적어도 속으로는 '여자는 그래서…'라는 생각을 할지 모른다. 나 때문에 다른 여성들이 중요한 일을 할 때 방해가 되는 것처럼 보이는 게 너무나 싫었다. 그래서 오히려 더 그만둘 수 없었다.

우주에서 몇 개월간 머무는 경우에는 여성 우주인도 피할 수 없는 일이다. 이 문제에 대해서 여성 우주인들은 대체로 언급을 꺼렸다. 자칫 여성에 대한 약점으로 작용할 수도 있기 때문이었다. 지금은 거의 없지만, 당시만 하더라도 우주인은 여성의 직업으로 적합하지 않다고 주장하는 사람들이 있었기 때문에 그들에게 명분을 주고 싶지 않았다.

합숙을 마치고 8명으로 줄어든 후보들은 러시아에서 훈련을 겸한 테스트를 받았다. 러시아에 가기 전에는 스킨스쿠버 교육도 받고 전투기도 타보았다. 대학원 생활에 지친 나에게는 모두 새로운 경험이었기 때문에 무섭거나 힘들다는 생각보다는 마냥 신이 났던 순간들이었다. 전투기를 탈 때 조종사님은 어지럽거나 메스껍지 않느냐고 여러 번 물어보셨지만 나는 정말 아무렇지도 않았다. 조종사님은 전투기 조종사 한번 해보라고 농담을 하셨다.

러시아에서 받은 무중력 훈련도 큰 어려움을 느끼지 않았다. 사실 나는 보통 사람보다 멀미에 상당히 약해서 수학여행같이 신이 나 있는 경우가 아닌 이상, 무슨 교통 수단이든 한 시간 이상 타면 예외 없이 멀미하고 토를 했다. 그런데 이상하게도 무중력 비행은 처음에 살짝 어지럽고 메스

꺼웠던 것을 제외하고는 멀미를 전혀 하지 않았다. 아마도 수학여행 이상으로 무중력 비행이 나를 신나게 했기 때문이라고밖에 해석할 수 없었다.

무중력 비행은 비행기를 타고 올라가서 약 20초 동안 자유낙하를 했다가 다시 고도를 높이는 방식으로 진행된다. 자유낙하를 하는 20초 동안 무중력을 경험하는 것이다. 20초라고 하면 일상에서는 꽤 짧은 시간이지만, 무중력 20초는 상당히 길게 느껴진다. 이 비행은 한 번 할 때마다 10번의 무중력을 경험하고, 우리는 모두 두 차례에 걸쳐 총 20번을 겪었다. 후보들과 더불어 SBS 방송팀과 각종 언론사의 기자들도 같이 비행을 했는데, 첫 번째와 두 번째 때 각각 다른 사람이 탔다. SBS 스태프 중 한 분은 두어 번의 무중력 경험 이후 컨디션이 급격히 나빠져서 러시아 교관들의 보호를 받으며 의자에 묶여 내릴 때까지 고통을 견뎌야 했다. 함께한 기자들은 '앞으로 절대로 타지 않겠다', '평생 가장 힘든 시간이었다' 등등 여러 소감을 쏟아냈지만 우주인 후보는 다들 즐기는 분위기였다. 구토를 한 사람이 몇몇 있긴 했지만.

러시아에서는 8명 가운데 6명을 선발하는 과정이 진행되었다. 마지막 관문은 각자 자신의 포트폴리오를 발표하는 것이었다. 포트폴리오 자료는 러시아에 오기 전에 준비했다. 어린 시절부터 지금까지의 이야기들을 잘 풀어서 내가 우주인이 되어야 하는 이유를 설명하게 된다. 양식이 정해져 있어서 나눠준 빈 앨범에 사진과 설명을 붙여 만들어야 했다. 나는 기숙사 생활을 하고 있어 사진은 대부분 광주 집에 있었다. 어떻게 할까 걱정했는데 처음에는 내가 우주인 선발에 참여한 것에 놀라움을 금치 못하셨던 아빠가 엄청난 응원자로 돌변해 집에 있는 내 모든 앨범을 학교로 가져다 주셨다.

나는 내가 평소에 즐겨 사용하던 모토인 '크레이지, 섹시 앤드 쿨Crazy, Sexy and Cool'을 주제로 포트폴리오를 구성했다. 오해를 할 수 있는 단어들이기도 하고, 당시 나의 심정을 상기해보기 위해서 부끄러움을 무릅쓰며 작성한 포트폴리오 시나리오와 그때 썼던 글을 그대로 옮겨본다.

Crazy, Sexy and Cool

언젠가부터 내 모토가 되어온 단어들이다. 그렇다고 내가 지금 'Crazy, Sexy and Cool Girl'이라는 것은 아니다. 나는 'Crazy, Sexy and Cool Girl'이 되기 위해 달리고 있는 평범한 대한민국 여성 중 한 명일 뿐이다. 그 생각은 예전에도, 지금도 그리고 앞으로도 변함없을 듯하다.

Crazy
언젠가부터 무언가에 미쳐 있는 듯한 사람들이 멋져 보였다. 내가 날마다 마주치는 우리 교수님부터 실험실 선후배들, 그리고 자기 일에 미쳐서 끼니도 제대로 챙겨 먹지 못하고 몰두하는 친구들, 그들은 모두 나에게 아주 좋은 모델이 되어주었다. 사실 그렇다. 엔지니어라는 길도 그렇기에 선택할 수 있었다. 항간의 친척이나 주변 사람들은 경제적으로 좀 더 넉넉할 가능성이 높은 길을 택하길 조언하기도 했으니까 말이다. 하지만 처음 선택의 시기에도 그리고 지금도 나는 내가 가는 이 길, 공학이 좋다. 그리고 언젠가 누가 "너 다시 태어나고 다시 대학에 간다 해도 지금 이 길을 선택할 것 같아?"라고 물었는데, 아무리 생각해도 다른 것이 떠오르지 않았다. 물론 가끔은 힘들기도 하고 지치기도 하지만, 그때마다 주변의 'Crazy people'이 날 다시 미치게 한다. 그래, 힘내서 더 열심히 해야지, 내가 할 수 있는 최선을….

Sexy

우리나라에는 이 단어에 대한 오해가 살짝 있다. 섹시라는 단어가 TV에서든 어디에서든 거론될 때면, 항상 빨강 불 아래 이상한 옷을 입은 여자를 생각하게 만든 매체의 탓이기도 할 거다. 하지만 나는 그것에 한정된 단어가 아니라고 믿고, 또 아닌 게 분명할 것이다. 누군가가 정말 자기의 역할에 충실하고, 그 모습이 아름다울 때 우리는 'sexy'함을 느낀다. 방금 경기를 마치고 땀을 훔치는 운동선수, 자기가 완성한 예술품을 보면서 흐뭇해하는 연륜이 가득한 장인으로부터 나는, 그리고 우리는 'sexy'를 느낀다. 그런 'sexy'를 동경했고, 내가 어디서 어느 자리에서 무엇을 하든지 그러한 'sexy'함을 풍기는 사람이 되었으면 하는 바람이다.

Cool

"저 사람 쿨하더라"라는 말을 자주 쓴다. 그렇다. 뭐라고 정의하기는 힘들지만 우리는 'cool'이라는 단어의 뜻을 너무나도 잘 안다. 내 주변에 많은 쿨한 사람들을 보면서 느끼는 것이, 나도 누군가에게 '아, 저 사람 참 쿨해'라는 말을 들을 수 있었으면 좋겠다는 생각이 들었고, 또 그러기 위해서 현재도 노력 중이다. 그리고 언젠간 그럴 수 있기를 가슴 깊이 바란다.

우주인이 되기 위한 노력을 시작하기 전부터 내가 무엇을 하든 저 세 단어에 어울리는 사람이 되는 것이 내 목표가 아니었나 생각된다. 'Crazy, Sexy and Cool Student'가 되기 위해서 학교에서 열심히 뛰었고 'Crazy, Sexy and Cool Professor'가 되기 위해 대학원이라는 진로를 선택했다. 비록 그 과정을 거치면서 목표가 수정이 되긴 했지만 여전히 나는 'Crazy, Sexy and Cool Engineer' 또는 'Crazy, Sexy and Cool Scientist'라는 목표가 남아 있다. 우주인 선발이 시작되고, 본인의 포트폴리오를 발표하는 과정이 있었다. 어떻게 이야기를 풀어가야 할까 고민하던 차에, 결국 우주인도 'Crazy, Sexy and Cool Astronaut'이라면 지, 덕, 체를 갖춘 우리나라 우주인상에 부합하지 않을까 하는 생각이 들었다. 사실 최종 우주인이 되기를 간절히 바라며 응원했던 주변 측근들은 위험한 발상이라고 말리기도 했지만 그 단어에 부합하기 위해 노력하는 나에게는, 그 세 단어로 나를 설명하기 위해 준비하는 과정이 나를 다시 뒤돌아보는 좋은 기회가 되기도 한 것 같다. 심사 위원분들이 근엄해 보이시고, 연세도 있어 보이셔서 어쩌면 역효과가 날 수도 있겠구나 싶어서 발표하는 처음에는 조금 불안했지만, 그래도 이해해주시고 웃어주시는 것 같아 다행스러웠다.

우주인 최종 후보로 선발되어 러시아에 오고, 몇 달쯤 후에 영국 잡지 기자와 인터뷰를 하게 되었는데, 그 기자가 나를 설명할 단어를 이야기해 달라고 물었을 때, 주저 없이 저 세 단어를 말했다. 하지만 오해가 있을 것 같아서 현재의 내 모습이 아니라 내가 바라는 나의 모습이라고 부연 설명을 덧붙였다. 그렇다. 상황에 따라 그 뒤에 따라오는 명사가 바뀔 수는 있겠지만, 어떤 명사가 붙게 되든 내가 바라고 목표하는 명사의 앞 형용사는 저 세 단어였다.

내가 공학도의 길을 걸어가면서, 항상 마음속에 가졌던 생각은 멋진 연구를 하는 친구들, 그리고 또 멋진 공학도를 꿈꾸는 어린이와 청소년들에게 무언가 도움이 되는 일을 할 수 없을까 하는 것이었다. 언젠가부터 나는 내가 직접 연구를 하는 사람이기보다는 연구하는 사람들을 도와서 좋은 연구를 할 수 있는 환경을 만드는 데 더 적합한 사람일 거라고 여겨졌다. 그래서 먼 미래의 내 꿈은 아직은 어쩌면 조금 척박할지 모르는 공학 분야를 좀 더 일할 만하고, 보람이 있는 곳으로 만드는 데 이바지하는 것이었다. 그래서 지켜보는 어린이와 청소년들도 과학이 좋고 공학이 좋다면 망설이지 않고 발을 디딜 수 있는 그런 곳으로 말이다. 그리고 우주인 최종 후보가 되면서, 그 일을 좀 더 효과적으로 할 수 있을 것 같은 생각에 기뻤다. 아직은 청소년과 어린이들에게 딱 부러지게 무언가 말하기에는 나 또한 성장하고 있는 시기라는 생각이 들지만, 이것만은 분명하다고 생각한다. 피나는 노력의 결과는 바로 노력하는 그때가 아닌 어느날 나도 모르는 사이 행운처럼 다가온다는 사실을…. '열 번 찍어 안 넘어가는 나무 없다'라는 속담을 부인하고 싶지 않지만 '열 번 찍어 안 넘어가는 나무도 있다. 그때 열한 번 찍는 것이 용기다'라는 어디선가 봤던 글이 인상적이었다. 내가 바라는 나의 모습, 그러니까 'Crazy, Sexy and Cool People'은 열 번 찍어 안 넘어가는 나무를 열한 번, 또 열두 번 찍으며 언젠가 나도 모르게 행운처럼 그 나무가 넘어갈 날을 기다릴 수 있는 인내를 가진 그런 사람이 아닐까 생각된다.

우주인 선발을 거치면서 수많은 'Crazy, Sexy and Cool People'을 만나게 되었고, 그들은 나에게 도전이 되었다. 그리고 현재 러시아에 와서 'Crazy, Sexy and Cool Cosmonaut, Astronaut'들과 만나고 함께 훈련도 받고, 여가를 보내기도 하면서, 단지 우주인으로 한정되는 것이 아닌, 미래의 내 모습에 대한 생각을 하게 되었다. 2006년 최종 대한민국 우주인 선발은 나에게는 또 다른 하나의 목표를 향한 시작이었다. 그리고 지금은 출발을 알리는 총성을 듣고 뛰어나와 한창 속도를 내는 시점이 아닌가 하는 생각이 든다. 아니 나뿐 아니라 이 도전을 함께한 모든 이에게 지금은 한창 박차를 가해 힘껏 달리는 시기일 것이다. 그럼에도 혼자가 아니라 다 함께 달리기에, 외롭지 않게 더욱 힘껏 달릴 수 있을 것이라 믿는다.

　　6명 가운데 최종 2명을 뽑는 과정은 크리스마스인 2006년 12월 25일 저녁에 SBS를 통해 전국에 생방송되었다. 솔직히 선발을 앞두고 나는 전혀 긴장이 되지 않았다. 이제 방송 카메라도 꽤 익숙해졌고, 애초에 나는 선발되는 것이 목표도 아니었다. 어차피 잃을 게 없었다. 뽑히면 우주인이 되는 거고 떨어져도 우주인 친구가 되는 거니까. 사실 마지막 10명부터는 모두 정말 친하게 지냈고, 나는 한국 최초 우주인의 친구가 되겠다는 사심을 가지고 나머지 9명과 사진을 찍고 사인을 받아두었다. 나중에 그 사람이 우주인이 되었을 때 잘 아는 사이라고 자랑하기 위해서. 당시 나의 목표는 우주인 친구였다. 그래서 방송에 전혀 어려움이 없었고, 중간중간에는 피디님과 "어쩌다가 방송국에서 일하게 되셨어요" 같은 농담도 주고받았다. 결과적으로 보면 그런 자세가 오히려 선발에 도움이 되지 않았나 싶다.

　　내내 이런 마음가짐이었기 때문에 여러 단계에 걸친 수많은 면접에서도 별로 긴장하지 않았다. 이후에 만나게 된 심사 위원들에게 우주인에 선발되지 않았더라도 이소연 씨는 기억했을 거라는 이야기를 많이 들었다. 혼자 편안해서 눈에 띄었다는 것이었다. 진짜 우주인으로 선발되고 싶은

게 맞는가 싶을 정도였다고 했다. 마음을 비우고 있었기 때문에 그렇게 보였을 수 있겠다. 그런데 어떤 분은 우주에서 무슨 일이 생길지 모르는데 차라리 저렇게 편안한 친구가 낫지 않을까 하는 생각도 들었다고 하셨다. 사실 큰일이 생겼을 때 긴장하고 당황하는 사람은 우주인으로 적합하지 않다. 실제로 내가 만난 우주인들은 대부분 동네 아저씨 같은 편안한 분위기였다. 내가 최종 2명이 된 것은 오히려 선발되려고 지나치게 노력하지 않았기 때문일 수도 있다는 생각이 든다. 정말 될 줄 알았다면 어쩌면 지원하지 않았을지도 모른다. 아니, 절대 선발이 되지 않을 거라고 생각했기 때문에 지원했던 것이었다. 3만 6,000명 중에 2명 뽑는 건데, 누가 진짜로 될 줄 알았나?

대한민국 첫 우주인

2008년 4월, 소유스 우주선을 타고 국제우주정거장을 다녀온 나는 '대한민국 최초 우주인'이라는 영광스러운 이름을 얻게 되었다. 그때 내 나이 서른이었고, 대학원 생활 이외에 딱히 사회생활이라는 것도 해본 적이 없었다. 그런 나에게 우주인 선발 과정과 훈련, 그리고 우주 비행은 너무나도 크나큰 경험이었다. 모든 단계에서 나름의 어려움이 있었지만, 그 경로를 거쳐 우주에 갔다가 돌아오지 않았다면 절대로 얻을 수 없는 세계관이 생겼다. 우주 비행을 통해 나의 시야는 엄청나게 넓어졌다. 넓어진 시야 때문에 힘들어지기도 했지만.

　　하지만 아무리 큰 경험을 했더라도, '대한민국 최초 우주인'은 나에게 너무나 크고 무거웠다. 귀환 직후 쏟아지는 관심과 요청은 그 이름의 무게를 실감 나게 해주었다. 세상에 공짜는 없다는 사실을 깊이 깨달았다. 좋은 것을 얻었으면 그에 대한 대가는 반드시 치러야 하는 것이 맞다. 유명해지다 보니 뜻밖의 어려움을 겪게 되고, 개인적인 일도 많이 공개되었다. 나의 의도가 왜곡되는 상황 또한 정말 많았다. 처음에는 참 힘들었는데 나중에 돌아보니 그래야 세상이 공평하지 않겠느냐는 생각이 들었다. 뭔가 좋은 것을 얻었으면 그에 상응하는 대가가 따르기 마련이니까. 어떻게 좋은 것만 쏙쏙 골라 먹을 수 있겠나. 얻음으로써 치러야 하는 책임과 대가에 대해 많이 배웠다.

우리나라에는 잘 알려지지 않았지만 귀환 과정에서 겪은 사고는 충격이 컸기 때문에 몸에 상당히 무리가 간 상태였다. 그 정도라면 러시아에서 꽤 오래 치료를 받는 것이 보통이었지만, 대한민국 최초 우주인이 귀환 후 러시아에 길게 머무를 수는 없었다. 한국으로 이동하는 데 가장 크게 반대하신 분은 당시 우주인 담당 의사로 계셨던 정기영 원장님이었다.

한국으로 이동하는 방침을 꺾을 수 없자 정 원장님은 도착하는 즉시 활주로에 앰뷸런스를 대기시켜 나를 병원에 입원시키는 것을 조건으로 내걸었다. 다행히 활주로에서 앰뷸런스를 타는 엄청난 상황까지는 일어나지 않았지만, 그 덕분에 나는 한국에 도착하자마자 청주 항공우주의료원으로 곧바로 이동할 수 있게 되었다. 의료원에 도착해 병실에 들어오자 원장님께서 말씀하셨다.

"나도 활주로에 앰뷸런스까지 보내는 요란을 떨 생각은 아니었는데, 그렇게 이야기하지 않으면 소연 씨가 치료도 제대로 못 받고 바로 행사에 동원될 것 같아서 강하게 어필하려고 했던 거였어요."

지금 생각해도 선발부터 귀환 후 몇 년간, 내 건강 상태를 가장 정확히 파악하고 돌봐주시는 분은 정 원장님이셨다. 그 은혜는 평생 어떤 방법으로도 갚을 길이 없을 것 같다. 항공우주의료원은 공군 소속 시설이기 때문에 공항에서부터 내가 탄 차를 따라온 기자들이 들어올 수가 없었다. 중간에 잠시 청와대에 다녀온 것을 제외하고는 그곳에서 한 달 동안 입원해 치료를 받았고, 군사시설이니 아무도 접근할 수 없었다.

당연히 정부와 기관에서는 불만이 있었지만, 정 대령님은 "지금 관리하지 않으면 평생 불구가 될 수도 있다. 그러면 책임질 거냐"라는 말로 방어를 해내셨다. 관료 조직에 가장 강력하게 먹히는 말이 '책임질 거냐'라는 것을 잘 아시는 분이었다. 정 원장님은 내가 퇴원한 후에도 일주일에 이틀은 무조건 병원에서 치료를 받아야 한다고 고집하셨다. 덕분에 나는 그렇게 바쁜 와중에도 일주일에 이틀, 반나절 정도는 병원에서 휴식을 취할 수 있었다. 그렇게 하지 않았다면 몇 달 안에 쓰러질 수도 있었겠다는 생각이 들었다. 우주

● 2006년 12월, 최종 8명의 후보로 러시아에 갔을 때 정기영 원장님과 함께 찍은 사진

인의 건강을 최우선으로 생각하고 최선을 다해주신, 그야말로 대한민국 최고의 우주인 전담의Flight Surgeon셨다.

우주에 다녀온 뒤 대한민국 최초 우주인으로서의 유명세는 원 없이 치렀다. 하루에도 수십 개씩 강연, 행사, 방송 출연 요청이 들어왔다. 이것도 나의 임무라고 생각해서 거의 매일 12시간 이상씩 다녔지만 요청받은 곳의 반도 가지 못했다. 자료를 보니 내가 2008년 5월부터 2012년 5월까지 4년 동안 강연 235회, 행사 90회, 언론 접촉 203회의 활동을 했다고 나와 있다. 특히 첫 1년은 거의 하루도 빠짐없이 일정이 있었다.

2008년 6월 25일 하루를 보면, KBS〈도전! 골든벨〉출연 → SBS 직원 대상 강연 → 생명과학 포럼 강연 → 과학

영재 대상 강연 → 인천시 방문의 5개 일정을 소화했고, 7월 28일부터 8월 2일까지 6일 동안은 9개 일정으로 제주, 충남, 경기, 광주, 대전을 방문했다고 기록되어 있다. 지금 생각하면 그 일정을 어떻게 다녔나 싶은데, 우주에 다녀온 지 1년이 넘게 지난 2009년 하반기까지 이런 스케줄이 여러 번 있었다.

청와대, 국회 행사에 불려간 일이 몇 번인지 기억도 나지 않고, 2008년 크리스마스실에도 얼굴이 들어갔다. 내가 소속된 기관인 항공우주연구원 예산 심의나 국정감사장에 참석하면 국회의원들에게 사인을 해주고 함께 사진을 찍는 것도 우주인의 연중 업무 중 하나였다. 고등법원 원장이나 근처에도 가볼 가능성이 없는 기관의 장들과 식사를 하는 일정도 한두 번이 아니었다. 처음에는 재미있기도 했다. 신기하니까. 나이 서른에 그런 기회를 가져본 사람이 어디 있겠나. 하지만 그 과정에서 불합리하고 부조리한 세상을 너무 일찍 알아버렸다는 부작용도 있었다.

당시 어느 도지사는 해당 지역 행사의 홍보 대사를 해주기를 요청했다. 한곳의 홍보 대사를 맡으면 다른 곳의 요청을 거부할 명분이 없기 때문에 교육과학기술부와 항공우주연구원의 기본 방침은 특정 행사의 홍보 대사는 하지 않는다는 것이었다. 그래서 거절했는데, 정말 집요하게 몇 번이고 묻더니 결국에는 "왜 이렇게 비싸게 굴어. 얼마 주면 올

건데"라는 말까지 듣게 되었다. 당시 날 물심양면으로 도와주시던 방송국의 임원 중 한 분은 그 이야기를 들으시더니 "한 500억 달라고 해서 우주 한 번 더 갔다 오지 그래?" 하시며 웃으셨다.

우주인으로서의 의무 중 하나는 비행 후, 항공우주연구원에서 최소 2년 동안 근무해야 한다는 것이었기 때문에 나는 당시 항공우주연구원 선임연구원이라는 직책을 가지고 있었다. 그런데 1년이 넘도록 사실상 강연과 방송밖에 하지 않았기 때문에 선임연구원이라는 나의 직함이 좀 미안하고 창피한 느낌이 들었다. 명색이 연구원인데, 연구를 하나도 하지 않고 있었기 때문이었다. 아무도 뭐라고 하는 사람은 없었지만 내가 월급 받을 자격이 되나 하는 생각까지 들었다.

우주인의 경험을 최대한 많은 사람과 공유하는 것도 중요하지만, 솔직히 내실 없는 허상으로 소모되고 있는 게 아닌가 싶기도 해 마음이 불편했다. 내가 점점 소진되는 느낌이 들었다. 그때까지 쌓은 경력이라고는 박사 학위와 우주 비행이 전부였다. 평생 강연만 하면서 살 것이 아니라면 나도 더 많은 내용을 채워야 했다. 특히 박사 졸업을 한 직후는 가장 활발하게 연구하며 경력을 쌓아야 하는 시기인데 나는 벌써 몇 년의 공백이 생겨버린 상황이었다.

물론 항공우주연구원에서 평생 안정적인 월급을 받으며 대한민국 최초 우주인이라는 타이틀만으로도 살 수 있을지 모른다는 생각이 들었지만, 내가 바라는 방향은 아니었다. 의무 근무 기간은 2년이어도 어차피 정규직으로 입사했기 때문에 얼마든지 머물 수 있을 것이다. 하지만 연구자로서의 활동 없이 연구원에 선임연구원으로 머무는 삶을 받아들이기는 힘들었다. 그래서 '연구를 할 수 있도록 도와주면 좋겠다'고 요청했다. 일주일 중 하루나 하루 반나절 정도는 연구하는 시간으로 보장받고 강연을 줄이자고 이야기했다. 그때까지는 국가출연연구소 소속의 선임연구원이 일주일에 하루조차 연구 시간을 확보하지 못했던 것이었다.

연구 주제는 앞으로 우리나라가 다시 우주 실험을 할 상황에 대비해서, 우주정거장에서 했던 실험들 가운데 뒤이어 하기에 적합한 것을 찾아 설계하고, 나중에 우주로 보낼 키트를 개발하는 일로 정했다. 이 키트를 개발하면 우주로 언제 보낼 수 있는지 물어보니, '그건 예산이 확보되었을 때 가능해서 아직은 모른다. 하지만 여건이 조성되면 바로 보낼 수 있게 미리 준비하자'는 대답이 돌아왔다.

그때 결정한 주제는 예쁜꼬마선충을 우주로 보내는 실험 키트를 개발하는 것이었다. 예쁜꼬마선충은 주로 썩은 식물에서 서식하는 길이 1밀리미터 정도의 투명한 몸을 가진 선형동물의 일종이다. 여러 특징 때문에 다세포생물의 발생, 세포생물학, 신경생물학, 노화 등의 연구에서 모델생물로 많이 쓰인다. 다세포생물 가운데 가장 먼저 전체 DNA 염기서열이 분석되었다. 대략 1억 개의 염기쌍을 가졌고, 인간의 유전자 수와 비슷한 약 1만 9,000개의 유전자를 가지고 있다.

예쁜꼬마선충을 우주로 보내는 실험은 이미 있었다. 2003년에 우주왕복선 컬럼비아호를 타고 우주로 나갔다. 그런데 컬럼비아호가 귀환 도중에 폭발하는 바람에 결과를 얻지 못했다. 예쁜꼬마선충이 들어 있던 키트는 회수했지만 폭발의 영향을 받아버렸기 때문에 데이터가 무의미하게 되었다. 신기하게도 살아남은 개체가 있었지만, 폭발을 겪었기 때문에 우주에서 생존한 개체에 대한 데이터로는 완전하지 않았던 것이다. 그 뒤로는 보낸 적이 없었기 때문에 이것을 다시 우주로 보내는 계획을 세우게 되었다.

항공우주연구원과 카이스트가 공동으로 예쁜꼬마선충 실험 키트 개발을 시작했다. 예쁜꼬마선충의 우주 비행을 지상에서 시험할 지상 모델을 만들고, 우주에 가는 상황을 모사하기 위해서 회전을 시켜 무거운 중력을 체험하게도 하고, 자유낙하를 시켜 무중력상태도 만들어서 그 환경에 노출해보려는 실험을 계획했다. 자유낙하는 그렇게 문제 될 것이 없었지만 무거운 중력 체험은 쉽지가 않았다.

나는 공군 항공우주의료원에 조종사들이 타는 거대 중력 가속기가 있다는 것을 알고 있었기 때문에 예쁜꼬마선충을 거기에 태워보려고 의료원에 가지고 갔다. 중력 가속기에 넣고 돌리면 3G에서 4G는 체험시킬 수 있었다. 그랬더니 의료원에서는 "1밀리미터도 안 되는 생물 하나 실험하겠다고 저 큰 중력 가속기는 켤 수는 없어요. 대신 쥐를 넣고 돌릴 수 있는 작은 중력 가속기가 있으니 그걸 쓰시면 어떨까요?"라고 말했다. 너무나 고마운 말이었다. 그 장비는 무거운 중력이 사람에게 어떻게 영향을 주는지를 동물로 대체하여 실험하기 위한 것이었다. 덕분에 실험을 할 수 있었다. 자유낙하로 무중력 실험은 할 수 있었지만 우주는 무중력뿐만 아니라 우주 방사선의 작용도 아주 크다. 방사선은 DNA에 큰 영향을 미칠 수 있기 때문에 매우 중요한 요소였다. 그래서 원자력연구원과 협력하여 우주의 것과 비슷한 수준의 방사선을 쪼이는 실험도 했다.

이렇게 우주 실험을 위해 준비했지만 이 키트가 우주로 가는 일은 없었다. 그때까지 나는 우주인, 혹은 우주 실험과 관련된 후속 사업이 전혀 계획되어 있지 않다는 사실을 몰랐다.

우주인 사업의 목적

대한민국 우주인 사업의 공식적인 목적은 크게 두 가지였다. 첫째, 한국 최초의 우주인 배출을 통해 유인 우주 기술을 습득한다. 둘째, 우주개발에 대한 국민, 특히 청소년의 관심과 이해를 제고한다. 두 번째 목적만 놓고 본다면 적어도 얼마 동안은 꽤 성공적이었다고 할 수 있을 것이다. 우주인 선발에는 3만 6,000명이 넘는 사람이 지원했고 선발 과정 중계방송도 인기가 있었다. 우주 비행 이후 역시 많은 사람이 관심을 가졌기 때문에 내가 그렇게 바빴을 것이다.

아직 우주인을 배출하지 않았거나 우리처럼 우주인을 한 명만 배출한 나라에서 보기에 한국의 우주인 사업은 성공한 모습이었을 것이다. 선발 과정이 많은 이들의 눈길을 끌었고 우주 비행을 하는 동안 진행한 방송도 흥행했다고 할 수 있다. 귀환 이후 강연 등의 파급 효과도 좋았고 설문 조사 결과, 아주 많은 사람이 우주인의 이름과 얼굴을 알고 있는 점으로 미루어 짐작하면 대중적인 관심을 모으는 데 성공했다는 것을 보여주었다.

그런데 이것은 내가 한 일이 아니었다. 우주인 사업을 제안하고 계획한 사람들은 따로 있었다. 나는 우주인 사업이 만들어낸 결과물이자 일부에 지나지 않았다. 너무 알려지고 시끄러웠기 때문에 마치 내가 우주인 사업을 대표하는 사람처럼 되었지만, 사실은 보이지 않는 곳에서 이 일을 제안하고 계획하고 성공시킨 수많은 사람이 있었다. 내가 잘해서 잘된 건 아니지만 나는 사업 목적이 성공하도록 할 수 있는 한 최선을 다했다고 생각한다.

첫 번째 목적은 어떨까? 성공했다고 말할 수 있을까? 유인 우주 기술은 한 사람이 우주에 갔다 온다고 습득이 될 리가 없다. 그래도 이것은 내가 해야 할 일이었다. 항공우주연구원에 재직하는 동안 30여 편의 우주 관련 논문에 관여했고, 우주 실험에 대한 연구 과제에도 참여했다. 우주 공간에서 각종 실험을 한 경험을 바탕으로 우주 실험 장비 개발을 도왔으며, 공군과 협력해 520쪽 분량의 우주인 훈련 매뉴얼도 만들었다. 하지만 정말로 유인 우주 기술을 습득하는 것이 목적이었다면 후속 사업이 이어졌어야 했다.

우주 비행을 하는 동안 나의 가장 중요한 임무는 과학 실험이라고 굳게 믿고 성공적으로 이를 수행하기 위해 최선을 다했다. 그 가운데는 후속 실험이 반드시 필요한 것도 많았고, 그렇게 했다면 정말 좋은 결과를 얻었을 터다. 하지만 단 하나도 이루어지지 않았다. 나는 다른 나라 우주인들을 통해서라도 후속 실험을 계획해서 우주로 올려 보냈으면 좋겠다는 간절한 바람이 있었지만 그 역시 이루어지지 않았다.

정부 관계자를 만나서 우주에서 실험을 해보니까 이러이러한 것은 계속했으면 좋겠다는 이야기를 몇 번 했지만 아무런 반응이 없었다. 심지어 부처의 어떤 분은 "아니 우주 갔다 와서 이 정도로 유명해졌으면 되었지 왜 자꾸 뭘 더 하려고 해요?"라고 답하시기도 했다. 과학 실험을 위해 우주인을 보낸다고 국민에게 홍보했지만 실제로는 관심은커녕, 과학 실험을 본질적으로 전혀 모르는 사람들과 함께 일했다는 사실을 알게 되자 너무 허탈해졌다.

선발 과정에서 만난 모든 우주인 후보는 지금 자신이 참여한 우주인 사업 이후, 지속적인 대한민국 유인 우주기술 개발을 위한 다른 계획들이 잡혀 있다고 믿었다. 다들 그렇게 여기고 선발 과정에서 최선을 다했다. 모두가 한국 최초 우주인의 비행이 끝나고 난 후에야, 3년짜리 단기 사업이었고 후속 계획이 전혀 없었다는 사실을 알게 되었다.

우주정거장에서 가지고 온 실험 결과를 분석할 예산을 어떻게든 확보하기 위해, 또 항공우주연구원 우주과학 팀이 뭐라도 할 수 있게 예산을 요청하기 위해 연구원의 담당자분들을 따라 여기저기 돌아다닐 때는 정말 우울했다. 꼭 우주과학팀이나 우리와 관련된 연구가 아니지만 예산팀이 프로젝트를 성사시키기 위해 부처에 가서 발표하고 예산을 따려고 노력하시며 동행해줄 수 있겠느냐고 물어보시면, 조금이라도 도움이 될까 싶어서 따라가기도 했다.

처음부터 우주인 사업 계획이 일회성으로 끝나도록 계획하지는 않았을 것이다. 아마도 정책 설계자와 정책 수행자가 바뀌었다는 점이 큰 이유 중 하나가 아니었을까 싶다. 우주인 사업을 제안한 정부와 우주인을 우주에 보낸 정부가 다르고, 처음에 이 사업을 계획한 책임자와 사업을 마무리한 책임자가 달랐다. 처음에 러시아와 작성한 계약서에 사인한 사람과 마지막에 마무리하고 악수한 사람이 달랐다. 심지어 부처 이름도 바뀌었다. 사업을 제안하고 계획하고 수행한 사람들은 충분히 자신의 역할을 다했다고 생각한다. 그 과정에서 나는 내가 할 수 있는 일을 해야 했다.

더 넓은 세상으로

우주에 다녀온 후 나는 항공우주연구원에서 무슨 일을 더 해야 할지, 우주인으로서 대한민국에 어떤 점을 더 기여해야 할까 고민을 많이 했다. 그래서 일단 전 세계 최초 우주인들의 행보를 찾아보았다. 제도 교육을 충실히 받은 모범생답게 문제가 던져지면 일단 공부부터 하는 게 당연한 수순이었다. 내가 만났던 러시아나 미국 우주인은 좋은 예가 될 수 없었다. 거기는 우주인도 너무 많고 우주 연구에 대해서도 지속적으로 투자하고 있기 때문에 우리와는 상황이 너무 달랐다. 중국도 마찬가지다. 그래서 우주인이 한 명뿐이거나 얼마 되지 않는 나라들을 찾아봤다. 20개국이 넘었다. 그 나라 최초 우주인들이 우주 비행 이후에 무슨 일을 하고 살았는지 다 찾아봤다. 그들에게서 공통점을 찾아 나도 그걸 따라가면 최소한 기본은 하는 게 아닐까 생각했기 때문이었다.

그런데 공통점은 전혀 없이 다들 너무 다른 삶을 살고 있었다. 프랑스 최초 우주인은 장관이 되었고, 일본 최초 우주인은 산속에서 농사를 지었고, 베트남 최초 우주인은 어디 있는지 연락도 안 되고, 몽골 최초 우주인은 국방부 장관이었다. 그래서 그 사람들의 내력을 더 찾아보았다. 그랬더니 가정환경, 각 나라의 여건이나 정책에 따라 진로가 전혀 다르게 펼쳐져 있었다. 결국 내가 내린 결론은 '내 인생은 내가 결정해야 하는 거구나'였다.

우주에 갔다 온 사람들만 가입할 수 있는 우주탐험가협회 모임에서 많은 우주인을 만났다. 대부분 몇 번의 비행 경험, 우주유영, 몇십 년의 훈련 경력을 가진 분들이고, 심지어 달에 다녀온 이들도 있다. 내가 같이하기에는 너무나 대단한 우주인들이지만, 귀환할 때 겪은 사고 때문에 나를 잘 알고 계셨다. 죽을 뻔한 상황에서 산 우주인이라며 자신들과 어깨를 나란히 하게 해주셔서 감사할 따름이었다. 심지어 먼저 다가와서 말을 걸어주시기도 했다.

"네가 그 우주인이구나. 그때 어땠니?"

그분들이 아무리 나를 한 명의 우주인으로 대접해주어도 옆에 있으면 내가 너무 작아지는 건 어쩔 수 없다. 이 사람들과 정말로 어깨를 나란히 하는 척이라도 하려면 내가 무엇을 해야 하고 얼마나 발전해야 할까라는 고민에 부담이 생기곤 했다. 나는 더 넓은 세상을 보고 더 많은 것을 배워야겠다고 다짐했다.

우주인으로서 항공우주연구원에 의무적으로 근무해야 하는 기간은 2년이었지만, 4년이 지난 후에도 여전히 강연이 너무 많고 거의 모든 사람이 나를 알아보았다. 나에게는 약간의 공백기가 필요했다. 그저 우주인의 경험만 나누는 사람이 아닌, 좀 더 많은 것을 전할 수 있는 사람이 되기 위한 전환점이 필요했다. 한국에 계속 있어서는 이런 생활에서 쉽게 벗어나기가 어려울 것 같다는 판단을 했다. 그래서 유학을 결심했다.

내가 연구에 뛰어난 자질을 갖추었다면 계속 공학을 공부해서 그쪽 학계나 업계로 진출할 생각도 했겠지만, 나는 그런 사람은 아니었다. 어차피 우주인으로서 할 수 있는 일을 해야 한다면 내가 실력을 기르기에 가장 좋은 분야는 공공 영역에선 과학기술 정책, 민간 영역에선 MBA가 아닐까라는 생각이 들었다.

우선 과학기술 정책에 대해 알아보자 싶어 카이스트의 수업 청강을 시작했다. 공부를 해보겠다는 욕심에 청강을 하긴 했는데, 아마도 교수님은 많이 부담스러우셨을 것이다. 수업을 듣는 다른 학생들은 이제 대학을 갓 졸업하고 대학원에 진학했기에 현실적인 과학기술 정책의 문제를 한 번도 접해본 적이 없었다. 그런데 나는 정부 부처 사람들도 만났고 NASA를 비롯한 해외 기관 사람도 대하면서 당면한 문제를 고민하고 있었다. 그래서 수업 시간에 엄청 적극적으로 질문을 했다. 가끔 교수님께서는 "이 박사님 좋은 질문 주셨는데요, 저도 미국에서 한국으로 들어온 지 얼마 안 되어서 과거 한국 과학기술 정책을 아직 잘 알지 못합니다"라고 말씀하시기도 했다.

처음에는 학생들도, 교수님도 '한두 번 들어오다 말겠지'라고 생각했던 것 같다. 그래서 더더욱 빠질 수가 없었다. 해외 출장으로 불가피한 상황 몇 번을 제외하고 한 학기 수업을 거의 다 들었다. 강의를 듣고 보니 나와는 잘 맞지 않는 것 같았다. 나에겐 아직 공학적인 마인드가 강하게 자리 잡고 있었는데, 정책이란 것은 공학과는 너무 달라서 해석하기 나름인 부분이 꽤 많아 보여 받아들이기가 불편했다. 정책을 다루는 학문이라면 미국이나 유럽에서 공부하더라도 이 불편한 거리가 해소되지 않을 듯했다.

남은 것은 MBA였다. 경영의 언어는 돈이고, 돈은 숫자이기 때문에 정책보다는 명쾌하지 않을까 생각했다. 그리고 앞으로는 민간이 과학기술이나 우주 분야에 더 많이 참여할 거라는 예측에, 정책보다는 경영 쪽이 효용 가치가 높을 거라고 판단했다. 내가 MBA를 선택한 것은 나름 공학도로서의 논리를 거친 결정이었다. 다른 사람들의 조언도 자주 들었다. 우주인 중에는 보잉이나 록히드마틴 같은 우주 기업에 임원으로 있는 분도 많다. 그들과 만나서 이야기를 나누며 경영이나 비즈니스에 대해 공부하고 이해해보기로 했다. 그래서 우주를 다녀온 지 4년이 조금 지난 2012년 9월, 항우연에 휴직계를 제출하고 미국 UC버클리 MBA 과정에 입학했다.

약간 허무하기도 하고 재미있던 일은 MBA를 졸업하고 내린 결론이 '아, 나는 비즈니스 마인드를 타고난 사람은 아니구나'였다. 그렇다고 시간 낭비를 했다는 것은 아니다. MBA 과정을 통해 비즈니스 하는 사람들이 어떤 생각을 하고 사는지 이해할 수 있었고, 적어도 그 사람들과 함께 소통하며 일을 할 수는 있게 되었다. 어차피 내가 직접 비즈니스를 하려는 생각은 아니니 앞으로 점점 더 경영과 공학이 함께해야 하는 일들이 생길 텐데, 그 다리 역할을 하면 충분하다고 생각했기 때문에 MBA 공부를 선택한 목적은 달성했다고 본다.

유학 도중에 남편을 만나 결혼했고, 2년 뒤 2014년에 MBA 과정을 가까스로 마치고 졸업했다. 목표는 어느 정도 이루었지만 2년의 공부로는 아직 부족하다고 느꼈다. 우리나라보다 시장이 훨씬 크고 다양한 미국에서 몇 년 경험을 더 쌓아서 한국으로 돌아간다면 실질적으로 도움이 될 역량을 기를 수 있지 않을까 하는 생각이 들었다. 그래서 미국에 좀 더 남기로 했다. 원래 2년을 계획하고 휴직했기 때문에 이를 연장할지 아니면 퇴직할지 결정해야 했다. 항공우주연구원은 연구를 주목적으로 하는 곳인데, 내가 앞으로 항공 우주와 관련된 연구를 계속할 가능성은 거의 없었다. 이런 상황에서 연구원이라는 직책을 유지하는 것은 맞지 않다고 생각했다. 그래서 퇴사를 선택했다.

내가 항공우주연구원을 퇴사하기로 했다는 기사는 많은 한국 언론에서 보도되었다. 대한민국 최초 우주인이 평생 항우연에서만 근무해야 한다고 사람들이 생각하지는 않을 텐데 왜 퇴사가 우주인 역할을 하지 않겠다는 선언처럼 받아들여졌는지 이해가 되지는 않았지만 '뭐, 시간이 지나면 오해가 풀리겠지'라고 생각하며 견디기로 했다. 당시 상황에 대해 한 언론과 이메일 인터뷰를 했는데 그중 극히 일부만, 왜곡되어 기사화되었다(〈이소연 "정책 한계를 우주인 잘못으로 몰아가 안타까워"〉,《동아일보》, 2014년 6월 26일 자 참고). 이미 너무 오래전 일이라 당시 나의 생각이 어땠는지 지금 명확하게 기억하고 있다고 장담할 수가 없다. 그래서 당시 보도되지 못했던 인터뷰 전문을 소개해볼까 한다. 전혀 편집되지 않은 원문 그대로다.

한국에는 참 많은 '스타'들이 있습니다. 그런데 과학계에서는 박사님이 가장 대표적인 스타였다고 생각합니다. 여쭙고자 하는 것은,

Q1-(1). 과학계 스타로서의 삶이 어떠했습니까? 소감은?

먼저 과학계 스타라고 여겨졌다면 무엇보다 영광이라고 생각합니다. 무엇보다 과학기술계에서 많은 업적을 이루신 분들이 알려지기 힘든 환경이다 보니, 저처럼 제가 무슨 업적을 이루었기보다는 제가 이용되고 선발된 사업 자체의 특성 덕분에 알려진 상황이 꽤 미안하고 안타깝다는 생각도 많이 들었습니다. 그래서 되도록이면 우주인 사업뿐 아니라 다른 과학기술 관련 업적을 직접적으로 이루신 분들이 계시다는 사실을 알리고, 그분들을 기억하고 응원하길 바라는 마음을 기회가 있을 때마다 전달하려고 노력은 했지만, 쉽지는 않았습니다. 어쩌면 수고하고 고생하는 위치에 있는 많은 과학기술인들 입장에서는 저 같은 사람이 얄밉거나 불공평하다 생각하실 수도 있음에도 불구하고, 항상 반가워해주시고, 심지어는 고마워까지 해주시는 것이 항상 과분한 지원이라 생각했고, 제가 감사해야 하는 입장이 아닐까라는 생각이 항상 들었던 것 같습니다. 그러다 보니, 과학계의 스타로서의 삶이라기보다는 과학계의 대변인으로서 삶을 살았어야 하는데, 제대로 잘했었는지는 항상 의심이 되네요. 무엇을 하든 항상 하고 나면 뒤엔 아쉬움과 후회가 있으니까요.

Q1-(2). 오히려 스타였기 때문에 힘들었던 점은 무엇이었을까요?

사실 우주인 선발에 지원할 당시에는 우주인으로 선발이 된다고 해서 사람들에게 이렇게 알려질 거라는 생각은 한 번도 해본 적이 없다 보니, 갑작스런 변화에 적응이 좀 어려웠던 것 같습니다. 지금 생각하면 누구라도 그렇게 선발되면 알려질 수밖에 없는 게 당연했을 텐데, 그 당시에는 단지 우주에서 실험을 하게 되고, 우주에 가기 위해 준비하는 과정을 직접 눈으로 보고 체험하게 된다는 사실 외에 다른 것에 대해서는 전혀 알지도, 또 알아보거나 생각해볼 여유도 없었던 것이 아닌가 생각되고, 그러다 보니, 비행 이후에는 우주 비행 자체보다 사람들에게 알려진 사람으로서의 역할과 삶이 훨씬 큰 부분에 대해서 제대로 대처를 하지 못한 것이 저뿐만 아니라, 저와 함께한 연구소나 기관분들까지도 힘들게 해드린 것은 아닌가 생각됩니다.

MBA 학위를 5월경에 마쳤다고 알고 있습니다.
Q2-(1). 우주인 이후 학위를 마칠 때까지 진로에 대해 외부의 오퍼가 있진 않았나 궁금합니다.

마냥 해외 MBA에 대한 환상으로 이런저런 생각들을 많이 하시고, 그러다 보니 한국에서 MBA 공부하러 와서도 사실 유무와 관계없이 알려진 사실들과 많이 다름에 대해 놀라거나 실망하시는 분들도 적잖은 것 같단 생각이 들었습니다. 기자님께서 가지시는 외부의 오퍼가 있을 거라는 궁금증도 아마도 미국의 상위 MBA에 대한 그 일부가 아닐까 하는 생각이 드네요. 사실 제가 함께 공부한 대부분 MBA 졸업생들에 비해, 제 과거 경력이나 전공이 MBA를 대상으로 하는 기업이나 기관들이 볼 때는 그다지 끌리는 대상은 아니고, 그저 좀 특이한 경력의 학생이기 때문에, 제 입장에서는 외부의 오퍼가 없었던 것이 당연하단 생각이 들었고, 또 사실 그런 생각 자체를 학교 다니면서는 해본 적도 없는 것 같네요.

Q2-(2). MBA 학위는 어떤 큰 그림 속에서 선택하신 걸까요?

공학 대학원에서 공부를 할 당시에는, 공학 공부를 하는 중간에나 과학기술을 하다가 경영을 다시 공부하는 분들을 보면서 왜 저런 선택을 했을까? 궁금해했던 사람 중에 하나였기 때문에, 제가 MBA 학위 과정을 하게 될 거라는 생각을 사실 전에는 한 번도 해본 적이 없었습니다. 아마 그러다 보니 그쪽 부분에 대한 상식도 없는 무식한 공학도로 MBA 과정에서 공부하기가 다른 공학 배경의 학생보다 더 힘들었던 게 아닌가 생각됩니다. 하지만 우주인이 되고 아주 많은 사람들을 만나게 되고, 제가 보지 못하고 알지 못하던 부분에 대해 알게 된 것 같습니다. 그저 연구는 궁금하고 무언가 알고 싶던 것을, 또는 있었으면 하던 것을 만드는 것이라고 마냥 생각하다가, 그러려면 연구비도 필요하고, 정책도 필요하고, 또 적절한 정치도 필요하고, 시장의 수요도 필요하다는 사실들을 좀 희미하게나마 깨닫게 되면서, 무언가 과학기술계에 보탬이 되고 도움이 되려면 이런 부분에 대해서도 좀 공부해서 전문가는 아니더라도 공학이나 과학 이외 부분에서 활동하는 분들과도 효과적으로 일하고 의견을 나누기 위해서는, 기본 상식은 가지고 있어야 하겠다는 생각이 주된 목적이었던 것 같습니다. 물론 국내에서도 할 수 있는 과정이고 공부이긴 했지만, 몇 번 시도를 해본 결과 수많은 외부 일정 요청과 비행 이후에 쭉 해오던 대외 일정들과 어느 정도 거리를 두고 재충전의 시간을 가져야 할 필요를 느꼈던 부분에서 국내가 아닌 해외에서 공부하는 것을 선택했었습니다. 저를 필요로 하고 또 제가 할 수 있는 모든 일을 다 해드릴 수 있으면 좋겠단 생각은 매일 매시간 하는데, 저 역시 그저 평범한 사람이다 보니 건강에도 무리가 오고, 또 이제 와서 솔직하게 말씀드리자면 과로로 인해 비행 전에는 저하고는 절대로 어울리지도 않고 상상도 하지 못했던 병원 신세도 지고 하게 되다 보니 어떤 것이 좀 더 길게 큰 그림으로 봤을 때 나은 선택인가를 항상 고민하게 되었던 것 같습니다.

항우연과의 계약 기간이 곧 끝난다고 알고 있습니다.

항우연에서는 계약 기간이 있는 계약직이 아닌, 정직 선임연구원으로 복무하고 있었고요. 다만 우주인 사업 특성상 우주인으로 최종 선발되면 비행 후 귀환부터 2년 동안은 퇴직을 하지 않고 쭉 항우연에서 복무하는 의무 복무 기간은 있었습니다. 귀환 후 2년이었기 때문에 2010년 5월에 그 기간은 끝났고요. 아마 그 기간이 2년이 되었던 것은 비행 관련 대외 활동이 2년 정도면 어느 정도 마무리될 것이라는 예측에서 온 것이 아니었나 생각됩니다. 하지만 그 이후에도 쭉 대외 활동 요청이 저희의 기대 이상으로 많아서 그냥 전혀 의심이나 고민 없이 자연스럽게 항우연에 머물게 되었습니다. 하지만 우주인으로 항공우주연구원에 임용이 되던 당시에도 고민이 되었던 것은, 우주인 사업이 끝나고 제가 우주인으로서 할 일이 더 이상 많지 않게 되면 그 이후에 어떻게 할 것인가였었고, 처음 예측처럼 2년 정도 지난 후에 요청이 줄어들게 되면 다시 제가 있던 연구 분야로 돌아가는 것은 어떨지 정도는 고민했던 것 같습니다. 하지만 제 연구 분야에서 활동을 못하는 시간이 5년이 넘어가면서는 또 진로에 대한 고민이 달라지게 되었던 것 같습니다.

Q3. 아직 좀 이른 감이 있지만 혹시 이후 계획을 여쭤봐도 될까요?

아무래도 제 자신한테는 항상 실망하고 아쉬운 생각을 갖게 됩니다. 사실 한국을 잠시 떠나 미국에서 공부를 하면서 이후 진로에 대한 고민이나 계획을 하려고 마음을 먹었는데, 막상 낯선 분야에서 공부를 하다 보니 그 공부 따라가기도 벅차서 아무런 생각을 못한 채 어느새 2년이 지난 것 같습니다. 결국 또 제가 계획하고 생각한 것과는 다른 상황을 저는 예측하지 못한 게 되었고요. 그리고 그 정신없는 과정에서 배우자를 만나서 가정을 이루게 되기도 했고요. 그래서 이제야 숨을 돌리고 이후에는 어떻게 해야 할까 고민을 시작해야 할 때가 아닌가 생각됩니다. 그리고 어떤 계획이든, 가족이 그 어떤 것에서도 우선순위가 된다는 것은 제 기본 신념이고 믿음이라 바뀌지 않을 것 같고요.

혹시 답하기 곤란한 질문은 패스하셔도 됩니다. 기사를 쓰는 기자에게 이런저런 말씀하시는 것이 불편하실 거라 이해합니다. 하지만 제 기사 에는 정부에서 추진한 우주인과 이소연 개인을 분명히 구분할 것임을 분명히 약속드립니다.

앞서 질문하신 힘들었던 부분 중 하나가 또 이것이 아닌가 생각됩니다. 저라는 사람은 하나이기 때문인지 아니면 다른 이유 때문인지는 모르겠 지만, 우주인과 이소연 개인을 분명히 구분한다는 것은 불가능한 일이 아닌가라는 생각이 듭니다. 만약 그것이 구분이 되었다면 힘든 부분도 많이 줄어들었을 거라는 생각이 들고요. 또 저보다 훨씬 유명하시고 대 단한 많은 한국의 공인들이 힘든 이유도 이러한 구분이라는 것이 아무리 노력해도 실제로는 불가능하기 때문이 아닐까 생각되네요. 기자님은 약 속하시더라도, 그 이후에 일어나는 일들에서는 기자님의 구분과는 상관 없이 섞이게 될 거라는 생각에 그 점이 가장 힘든 점이 되지 않을까 생각 됩니다.

어떤 분은 박사님이 2012년 9월 휴직 때부터 퇴직을 고려했을 거라고 말하더군요.
퇴직을 생각하게 된 계기도 자의 반 타의 반이었을 거라면서 항우연이

나 정부가 우주인 활용에 대한 정책과 의지를 보이지 않은 점이 크게 작용했을 거라고 하네요.

Q4. 그분의 말이 어디까지 맞는 걸까요?

누구나 보는 것에 대해서 추측을 하고 의견을 가지는 것에 대해서는 자유로운 일이라 생각합니다. 그리고 또 누구나 어떤 일을 하다 보면 처음 의도와는 다른 결과나 행동을 할 수 있게 되기도 하고요. 처음 생각했을 때의 일과 또 일을 하고 경험을 하게 되면서 알게 되는 부분이 다르기 때문에, 사람이 변했다거나 잘못된 것은 아니라는 생각이 듭니다. 지켜보는 입장에서는 처음 시작부터 퇴직을 고려했을 수도 있겠단 추측에 대해서 충분히 그럴 수 있다고 생각합니다. 저 역시 우주인이 남이었다면 그렇게 추측했을 것 같기도 하고요. 하지만, 제 경운 우주인에 지원했을 때도 그랬고, 또 공부를 하려고 마음먹었을 때도 그랬고, 그때 당시의 상황이나 의지 외에 다른 것을 생각할 정도의 마음의 여유는 없는 그릇이 작은 사람인 덕분에, 마지막에 비행기를 타러 공항으로 출발하는 상황에서도 팀장님께 이렇게 말씀드렸습니다. 공부를 하는 중간이든 아니면 그 이후든, 우주인 이소연이 아닌 다른 사람이 대신할 수 없고, 또 제가 뭐든 관두고 돌아와야겠다는 생각이 드는 일이 생기면 뒤 안 돌아보고 돌아올 거고, 또 그런 일이 일어났으면 좋겠다고요. 우주인 사업이 끝나고 후속 계획이 없는 상황에 대해서 조금만 침착하게 조사하고 알아봤다면 알았을 만도 한데, 단지 우주에서 실험하고 우주에 가는 훈련에 대해 체험만 할 수 있게 된다면, 그 이후 일은 그때 생각해야 했던 좁은 소견의 제가 마주해야 했던 상황이 그랬듯, 공부를 하러 떠날 때 역시도 공부가 끝난 이후나, 공부를 하던 중간에 일어나는 상황에 대해서는 제가 어떻게 예견하고 무엇을 계획하든 전혀 다른 일들이 일어날 수 있기 때문에 그 이후에 대한 제 나름의 계획은 의미가 없다고 생각했고, 그래서 사실 미리 무언가를 고려하거나 무엇을 하기 위해 공부를 하러 가는 것이다라는 생각은 없었습니다. 저 역시 사람인지라 어떤 일이 어디서 어떻게 일어날 줄 몰랐기 때문에, 미리 퇴직을 고려했거나 하지는 않았습니다.

Q5. 우주를 다녀와서 휴직 전까지 외부 강연 외에 항우연에서 어떤 일을 하셨는지요?

우주정거장에 가서 실험을 수행하는 우주인으로 최적인 사람을 뽑는 것이 우주인 선발이었고, 그 과정으로 선발된 우주인이라면 더 이상 우주 비행이나 실험이 진행되지 않는다면 비행 후 강연이나 그와 관련된 일 외에는 항공우주연구원 내에서 할 일을 찾기가 만만치 않을 것 같단 생각은 가까이에서 들여다보고 고민을 한다면 알 만한 일이지만 그저 멀리서 지켜보는 입장에서는 알기 힘든 부분이라는 사실을 비행 이후 많은 기사와 사람들의 반응을 보면서 깨닫게 되었습니다. 그래서 결국 제가 그 전에 했던 공부와 연구를 최대한 활용하면서 항공우주연구원 우주과학팀에서 할 수 있는 일이 뭐가 있을까를 고민하게 되었고요. 첫 2년간은 외부 강연이나 대외 활동만으로도 업무 시간이 차고도 넘쳤지만, 그 이후로는 조금씩 외부 일정을 의도적으로 줄이더라도 다른 연구들을 수행하면서 그 이후를 준비해야겠다는 생각에, 힘겹게 팀원들과 함께 과제도 시작하고 또 우주 환경에서 생명체의 반응이나 영향을 연구하는 부분을 제가 맡아서 다른 연구원과 함께 연구도 진행했습니다. 그리고 설사 그 이후 우주 비행을 효과적으로 이용할 만한 과제나 계획의 유무와 상관없이, 몇 년간 많은 분들이 고생해서 이룬 우주인 사업과 우주 비행, 실험들의 결과가 최대한 활용되고 또 의미 있는 일이 되게 하기 위해 노력을 해야겠단 생각에 전 과정에 대한 분석 연구도 진행하고 그 결과를 해외 학회에서 발표도 하면서, 다른 나라의 경우에 대해서도 알아보고 또 어떻게 서로 도움을 줄지도 고민하는 기회도 만들고요. 공군에서도 향후 우주 쪽으로 진출을 위해 조금씩 준비를 하고 계셔서 공동으로 비행 이후 우주인 훈련 관련 자료들을 수집하고 정리하는 부분에서 함께하면서, 공군 쪽 우주 분야 인력들과 정보나 의견 교류하는 부분에서도 함께하고 자료집 제작도 함께 했었습니다. 이 모든 활동들과 함께, 해외 다른 우주 분야 과학자들과도 함께 연구도 하고 발표도 하면서, 언제든 다시 유인 우주 분야에 한국이 좀 더 적극적으로 참여하게 될 때를 대비한 발판을 마련하는 일을 제가 할 수 있는 선에서는 최선을 다하려고 노력은 했었는데, 과연 얼마나 효과가 있었는지는 모르겠네요. 사실 그런 일들은 숫자나 계산으로 결과를 아는 데는 한계가 있으니까요.

이 과정에서 초기와 달리 뒤로 갈수록 소홀해진다는 그런 느낌을 받으셨나요.

초기와 달리 뒤로 갈수록 소홀해진다는 느낌은, 제가 그 사업이나 계획에 대해서 전혀 배경지식을 끝까지 몰랐다면 느꼈을 수 있었던 것이 아닐까 생각됩니다. 물론 항공우주연구원이나 당시 과학기술부에서 어떤 계획으로 왜 우주인을 우주로 보내려고 했는지를 잘 모른 채, 단지 공학대학원생으로 우주에서 실험을 한다면 진짜 엄청나겠다는 생각을 한 순진한 학생으로 쭉 살았다면 그런 느낌을 받았을 수도 있겠지만, 돌아와서 항공우주연구원 선임연구원으로 일원이 되고, 또 우주 비행이나 우주인 선발 과정이 어떻게 계획되고 어떤 성격의 사업이었나, 그리고 그 모든 과정에서의 제도나 여러 기관과 출연연구소의 한계를 알고 나니, 모든 일들이 계획대로, 또는 자연스럽게 그렇게 될 수밖에 없는 것이었습니다.

Q6. 우주인에 처음 지원했을 때와 우주에 다녀온 직후, 그리고 이후 심경의 변화를 표현해주실 수 있을까요?

우주인에 처음 지원했을 땐, 대한민국의 역사에 우주인을 처음으로 선발하는 과정에 그저 함께하고 관련된 많은 분들을 직접 만날 수 있는 것만으로도 신나고 흥분되었던 심경이 전부였던 것 같고요. 우주에 다녀온 직후에는, 이러한 경험을 한 사람이 할 수 있는 일이 무엇일까를 고민하고, 어디서부터 어디까지를 제가 할 수 있는 일이고, 또 무엇을 알아야 내 역할을 제대로 할 수 있을까라는 의문에 좀 혼란스러웠습니다. 또한 마냥 멀리서 지켜보면서 추측하던 부분과, 실제로 제가 경험하고 알게 된 여러 가지 과학기술과 관련된 부분이 다르다는 사실을 차차로 알게 되면서는 더더욱 우주인이 할 수 있는 일이 무엇일까에 대해서 혼란스럽고 고민을 하게 되었던 것 같고요.

끝으로 퇴직 의사는 분명하신지요. 공식적으로 퇴직을 밝히실 시점은 언제쯤이 될까요? 밝히기 곤란하다거나 조심스러운 부분이 있다면 추상적으로 말씀해주셔도 괜찮습니다. 다시 말씀드리지만 기사의 목적은 정부 정책의 즉흥성 또는 무일관성 지적에 있습니다. 그렇기에 박사님의 관점이 꼭 필요한 것이랍니다.

기자님이시기 전에 선배님이시고 또 저를 친근하게 생각해오셨다고 하시니 절대로 그런 의도가 아니실 거라는 걸 알면서도, 이런저런 정부 정책에 대해서 지적을 하실 목적으로 제 관점이 필요하다는 말씀을 들으니, 솔직히 제게는 그저 누군가 하나는 화형되어야 할 마녀가 필요하다는 말씀으로 들립니다. 그저 후루룩 읽으며 지나치는 많은 사람들에겐, 우주인 사업이 지적되면 결국 우주인이 잘못한 게 되니까요. 처음 우주인 사업을 계획할 때 그 일에 책임을 가지신 분, 또 비행을 준비하고 그 이후에 대해 준비해야 하는 시기에 그 일에 책임을 맡으신 분, 그리고 비행 이후 유인 우주 과학 분야에 어떤 연구를 지속해야 하고 어떻게 지원해야 하는지를 결정하는 데 책임을 가지신 분들이 결국 말씀하신 지적에 대해 책임을 느껴야 하실 분일 텐데, 그때 그분들 중 몇 분이나 현재도 정부 정책의 즉흥성 또는 무일관성 지적에 대해 영향을 미치고 변화를 이끌 자리에 계실지가 의문이네요. 그리고 계시다 한들 현재는 직접적인 연관이 없으시니 이 기사가 나와도 결국 남 일이 될 확률이 꽤 높아 보이고요. 개인 이소연과 우주인에 대한 구분도 그 면에 있어서는 힘들 거라는 생각이 듭니다. 결국은 만약에 그 당시 즉흥적으로 무일관적으로 정책을 수립해서 수행했다면, 그렇다는 사실을 알면서도 기자님 아니 선배님과 마찬가지로, 삶을 살아야 하고 가족들을 돌봐야 하는 한 사람으로서 어쩔 수 없이 맡겨진 일을 하며 힘들어했을 수많은 연구원들과 말단에서 뛰어다니던 그분들에게 기자님이 쓰신 기사의 지적과 짐이 그대로 맡겨질 거란 생각이 들어 안타까울 뿐입니다. 제가 여기서 무슨 말씀을 드리든, 계획된 기사이고, 지면을 이미 할당받으셨기 때문에 어떻게든 기사를 쓰시고 기사로 나갈 거라는 것은 잘 압니다. 하지만 과연 그 지적이 정말로 지적을 받아야 할 사람에게 가고, 또 그 비판이 대안을 가지고 앞으로 생산적이고 발전적인 방향으로 이끌 비판인지는 생각해볼 문제가 아닌가 생각됩니다. 과거 항우연 재직 당시, 어떤 신문(《동아일보》)에서 몇 번 비슷한 기사가 올라왔던 때가 생각나네요. 비록 항우연에 계신 분들, 특히 앞서 말씀드린 맡겨진 일을 해야만 했던 분들이 또 해명 자료

만드시고, 후속 기사를 어떻게든 이끌어내기 위해 정말 엄청 고생하시는 걸 보면 마음이 아프기도 하면서도, 그분들께 '우리는 비록 아니다 생각되어도 말도 못하는 입장이지만, 그래도 신문에서 저렇게라도 써주셔야 다음엔 조금이라도 바뀔 테니 저 개인적으론 힘들지만, 그래도 고맙게 생각하려 한다'고 말씀드린 적이 있습니다. 하지만 1~2년에 한 번씩은 잊어버릴 만하면 또 나오는 기사가 되고, 그때마다 또 비슷한 방법으로 대처하고 하는 과정을 지켜보고 나니, 정작 지적을 받아야 할 사람이 누구인지도 불분명하고, 그 사람이 있었다 한들 현재는 그 자리에 없는데, 과연 이러한 기사가 효과적으로 그 역할을 할지도 고민이 되더군요. 또한 바꿀 수 있고 그러한 영향력이 있는 분이 과연 이 기사에 대해서 제대로 대응을 하실까도 의문이고요. 그래서 결국 제가 이 부분에 대해서 무엇을 할 수 있을까 고민했더니, 결국 소소한 우리들, 각자의 삶을 살고 가족을 돌봐야 해서 그 정책이 즉흥적이든 무일관적이든 열심히 할 수밖에 없는 사람들의 사기를 떨어뜨리고 힘들게 하는 일은 최소화하자는 것이었습니다. 물론 의도는 그렇지 않더라도 결국 결과는 그렇게 되는 일이 몇 번 일어났다면, 피할 수 있는 일이기도 하니까요. 그리고 또 한 가지는, 지금 책임을 가지는 분들이 본인을 지적하고 있다는 사실을 알기도 힘들 만큼 제도나 여러 가지 복잡성이 문제라면, 10~20년 뒤에 그 자리에 가게 되어 뭔가 바꿀 수 있는 우리들이나 그 이후 세대들은 그렇게 되지 않게 하는 것이 제 몫이 아닐까라는 생각도 들었고요. 그래서 가벼운 술자리건 심각한 자리건 비슷한 또래 공학도들이나 친구들, 동료들을 만난 자리에서는 물론이고, 강연 때나 강의 때나 그들이 고민할 기회를 줘야겠다는 생각이 들어서 기자님과 비슷한 질문이나 의문을 갖는 학생이나 사람들에게 항상 고민을 해봐야 하는 문제로 함께 고민하고 노력하자고 이야기를 했었습니다. 지금도 그렇고요. 좀 더 근본적인 문제에 대해서 고민하고 변화를 이끌 수 있는 기사가 되려면 제가 어떻게 도울 수 있고, 또 어떤 타이틀로 어떤 방향으로 쓰여야 할지에 대해 감히 여쭤보게 됩니다. 기자님께서는 그 근본적인 문제를 지적하기 위해 우주인 사업이 예시가 되고 항공우주연구원이 수행한 프로젝트가 예시가 되는 것이라 하실지라도, 읽는 분들은 그저 그 예시에 자극이 되고, 집중하게 되실 테고 결국 또 한 가정을 이끌기 위해 과학자로서는 이 방향이 아닌 것 같고, 또 더 나은 결과를 위해서는 지금은 이런 거 할 때가 아닌데…라는 갈등이 드는 많은 연구원들이 또 해명 자료 만드시고, 부처 전화 받으시느라 한동안 몸살을 앓게 되시고, 그나마 지금 이 상황에서라도 어떻게든 열심히 해보겠다고 맘 먹은 분들 중 몇 분은 또 허탈감에 지금까지 이 공계 쪽에서 공부하고 노력한 것에 대해 회의적인 생각을 갖기 시작하는 계기를 만드실 수도 있다는 점을 기억해주셨으면 합니다.

너무나 당연한 일인데

2018년 4월 1일 자 어느 인터넷 신문의 기사다.

언론중재위원회의 조정에 따른 '우주인 이소연 국적' 관련 정정 보도

본 인터넷 신문은 지난 3월 7일 〈MB 정부 때 한국 최초 우주인 된 이소연 "난 상품이었다"〉제하의 기사에서 우주인 이소연 씨가 미국으로 국적을 바꾸었고, 우주를 다녀온 이 씨가 본업은 하지 않고 인지도를 이용해 외부 강연만 다닌다는 비판을 많이 받았다고 보도했습니다.

그러나 확인 결과 이소연 씨는 대한민국 국적을 포기하지 않은 것으로 확인되어 이를 바로잡습니다. 또한 이소연 씨는 현재 재미 교포와 결혼하고 미국에 거주하면서도 대한민국 국적을 유지하고 있는 것으로 확인되었습니다.

아울러 이소연 씨가 본업을 하지 않고 외부 강연만 다녔다는 내용 또한 사실이 아닌 것으로 확인되어 이를 바로잡습니다. 2014년 미래창조과학부의 한국항공우주연구원(이하 '항우연'이라 함) 국정감사에서 당시 새정치민주연합 홍의락 의원은 "이소연 박사는 우주에서의 귀환 이후 30여 건의 우주 과학 논문을 발표하고 특허도 1건 등록하는 등 한국의 최초의 우주인으로서 스스로의 역할을 고민하고 노력해나갔으나, 항우연은 지난 4년간 외부 강연 235회, 과학 전시회·행사 90회, 대중매체 접촉 203회 등 총 523회의 대외 활동"에 집중적으로 활용하였다며 "이소연 박사의 유학과 퇴사를 두고 많은 사람들이 '먹튀'라고 손가락질했는데 실상은 우주인 활용 계획이 전무했던 것"이라고 밝힌 바 있습니다.

이 보도는 언론중재위원회의 조정에 따른 것입니다.

　　내가 대한민국 국적을 포기했다는 논란이 생긴 것은 2013년 한국계 미국인인 남편과 결혼을 하면서부터였다. 그런데 그로부터 5년이 지난 2018년에도 기사가 나왔다. 이 시기에 한 인터뷰에 "논란이 이렇게까지 굳어진 데"에는 나의 "책임도 있다고 여겨진다"고 하면서, 이는 나의 "해명 없이 사그라들었기 때문"이라는 내용이 있었다(〈'우주관광객' 논란 이소연 단독 인터뷰, "제2우주인 적극 돕겠다"〉,《MBC NEWS》, 2018년 4월 3일 자 참고).

　　내가 적극적으로 해명하지 않았던 이유는 한마디로 말도 안 되는 일이어서 사람들이 믿지 않을 거라고 생각했기 때문이었고, 그동안 계속 아무 해명도 하지 않았던 것은 논란이 이어지고 있으리라 생각하지 못해서다. 놀라운 일은 결혼을 하고 하루도 채 되지 않아서 내가 미국 시민권을 받았다는 기사가 난 것이었다. 이걸 심각하게 받아들이지 못했던 이유는 나뿐 아니라 당시 내 주변에 있던 사람들이 다 해외에서 살고 있었기에 모두들 너무나 터무니없는 소리라고 여겼기 때문이었다.

기사를 본 친구는 전화를 해서 "너는 어떻게 시민권을 사흘 만에 뚝딱 받았어? 신청할 서류 준비도 3일 안엔 못 하겠다"고 했다. 또 어떤 친구는 "오바마 대통령 조카가 케냐에서 와도 이렇게 빨리는 못 받을 텐데, 너 무슨 모종의 거래라도 있었지?"라고 농담을 했다. 나는 미국에 2년 과정으로 유학을 갔고, 1년 뒤에 결혼을 했기 때문에 학생비자가 아직 1년이 남아 있었다. 그래서 비자나 영주권에 대한 생각을 전혀 하지 않고 있었다. 기사가 나고, 친구들과 이야기를 하다가 "근데 너 영주권 신청은 했어?"라는 말이 나왔다. "아, 맞다." 학생비자가 끝날 때까지 영주권을 못 받으면 불법 체류가 된다. 기사 덕분에 늦지 않게 영주권 신청을 할 수 있었던 데 대해서는 고맙게 생각한다.

미국 시민권자와 결혼을 하면 영주권을 신청할 수 있고, 영주권을 얻은 뒤 일정한 기간이 지나면 시민권을 신청할 수 있다. 시민권을 신청하려면 대한민국 국적을 포기해야 한다. 미국 사정을 잘 모르는 사람들은 영주권과 시민권을 잘 구별하지 못하고, 미국에서 미국 사람과 결혼만 하면 시민권을 얻는 것으로 오해하는 경우가 많다는 것을 나중에야 알게 되었다. 그렇지만 이것이 계속 논란이 될 거라고는 미처 생각하지 못했다. 심지어 2016년에는 SBS 선거 개표 방송에 재외 국민 투표를 한 사진도 나갔다. '해외에서 이소연 박사님도 재외 국민으로 투표에 참여했다'라며 사진과 함께 방송에 나간 것이다. 두 시간 운전해 가서 투표를 하고 찍은 인증 사진이었다. 설마 미국 시민이 대한민국 선거에 투표를 할 거라고 생각하지는 않을 테니 국적 포기 논란은 더 이상 없지 않을까 싶었다.

친구들은 "어차피 먹을 욕 다 먹었으니 시민권 받자"는 농담도 하는데, 나는 미국 시민권을 받을 생각이 전혀 없다. 나뿐 아니라 미국에 사는 많은 한국인이 국적을 포기해야 하는 상황 때문에 시민권 받기를 망설인다. 국적 논란이 생긴 후 미국의 유명한 회사에 다니는 친구들에게 물어봐도 대부분 영주권만 유지하고 시민권은 받지 않고 있었다. 충분히 받을 수 있는데도 말이다. 대한민국에서 태어나 대한민국 사람으로 살면서 한국 국적을 포기한다는 건 너무 큰 결정이라고 다들 이야기한다. 대한민국 국민이라면 너무나 당연한 사실인데, 나는 심지어 가슴에 태극기까지 달고 우주에 다녀온 사람이다. 국적 포기는 한 번도 생각해본 적이 없었다.

나는 대한민국 국민이기 때문에 대한민국 여권을

가지고 다니고, 남편과 함께 한국에 들어올 때는 따로 줄을 선다. 남편은 외국인, 나는 내국인. 최근에 다시 국적 포기 기사가 났을 때는 그 기자에게 이렇게 묻고 싶은 심정이었다.

"국적 포기가 그리도 쉬울까요? 기자님은 미국 국적을 받을 기회가 생긴다면 한국 국적을 쉽게 포기하고 미국 국적을 받을 건가요?"

나의 성격상 미래의 일을 장담하는 경우는 잘 없지만, 이것 하나만은 자신 있게 확신할 수 있다. 나는 평생 대한민국 국적을 포기하는 일은 절대 없을 것이다. 혹시라도 앞으로 또 국적에 대한 질문을 하는 사람을 만난다면 이렇게 대답해주고 싶다.

"당신이라면 그렇게 쉽게 대한민국 국적을 버리겠습니까?"

내가 유학을 결심하게 된 건 경험과 실력을 키우자는 것이었다. 하지만 2년의 MBA 과정만으로는 너무 짧았다. 사실 그 2년은 처음 해보는 MBA 공부를 따라가는 것만으로도 벅찰 정도였다. 미국에 있으면서 나는 그동안 내가 얼마나 좁은 세상에서 살아왔는지 다시 한 번 깨달았다. 우주인이 되기 전에도 그렇지만 그 후에도 굉장히 한정된 사람들만 만났다는 것을 알게 되었다.

내 주변에는 좋은 학교에서 대학원까지 다닌 고학력자들이 대부분이었다. 카이스트에서 강의를 할 때도 이미 카이스트에 진학한 학생들만 만난 것이었다. 외부 강연에서도 우주에 호기심이 있는 사람, 과학기술에 어느 정도 관심이 있는 이들만 만나게 될 수밖에 없었다. 그러다 보니 착각에 빠져 있었다. 세상 사람 모두 과학에 관심도 많고 지식도 많다고 말이다.

미국에서도 MBA 과정만 마치고 돌아왔다면 그 착각에서 벗어나지 못했을지도 모른다. 캘리포니아에서 MBA

를 마치고 얼마 후에 남편이 있는 시애틀로 옮기면서 나의 새로운 미국 생활이 시작되었다. 같은 미국인데도 시애틀이 있는 워싱턴주는 캘리포니아주와는 완전히 달랐다. 그곳은 전혀 다른 나라나 다름없었고 나의 경력, 심지어 캘리포니아에서 받은 MBA 경력도 그다지 통하지 않았다. 일단 미국에서 경험을 더 쌓자고 생각한 이상 뭐라도 해보자는 생각으로 열심히 찾아서 처음으로 얻은 일이 2년제 대학의 물리학 시간강사였다.

미국의 교육은 우리나라와 비슷한 듯 다른 점이 있는데, 대표적인 예가 고등학교를 졸업한 후에 바로 대학을 가지 않고 5~10년 다른 일을 하다가 뒤늦게 진학하는 경우가 많다는 것이다. 이런 경우 보통은 2년제 전문대학에 간다. 이곳의 교육제도는 전문대학을 졸업하고 4년제 종합대학으로 편입하는 것이 잘 뒷받침되어 있다. 그리고 전문대학에서 들었던 수업과 교과 번호만 같으면 편입한 학교에서도 그 수업을 이수한 것으로 인정된다.

전문대학의 장점은, 종합대학은 한 강의에 100명에서 200명 이상이 듣기도 하는데 2년제 대학은 24명을 넘기면 안 된다는 것이다. 게다가 학비도 싸고, 집에서 가까운 곳으로 쉽게 갈 수 있고, 교수 한 명이 24명만 가르치니까 교육의 질도 높다. 학생들에게 기회를 한 번 더 얻게 해준다는 느낌을 받았다. 하지만 2년제 대학에 진학한 학생들의 학력, 특히 과학 실력은 그렇게 높지 않았다. 나는 미국에서의 첫 번째 직장이었기 때문에 최선을 다했지만 정말 힘들었다.

그러다 문득 '한국에도 이런 학생이 아주 많을 텐데, 나는 왜 그 친구들을 가르치거나 만난 적이 없었을까?' 하는 생각이 들었다. 한국에 '수포자'도 많고 '과포자'도 많다던데 내 주변에서는 거의 찾을 수가 없었다. 그러고 보면 과학고, 카이스트, 항공우주연구원을 거쳤으니 주변에서 수포자, 과포자를 만나는 일이 더 어려웠던 게 당연하다.

내가 무척 안일했다는 마음에 반성을 많이 했다. 우주인으로 과학기술이나 교육 정책을 걱정하는 이야기도 하고 행동도 한다고 했지만, 실제로 도움을 줘야 하는 사람은 만난 적도 없으면서 섣부르게 한 말일지 모른다는 생각이 들었다. 그리고 한국에 계속 있었다면 이런 사람들을 접할 기회가 영영 없었겠다, 싶었다. 과학을 전혀 모르는 이들에게 과학을 가르치다 보니 말을 많이 하게 되고, 덕분에 영어가 늘었다는 것은 부수적인 성과였다.

내가 시간강사로 일하고 있는 것이 한국에는 대학 교수로 부임했다고 알려졌다. 한국에서 우주인이 된 경력을 가지고 미국으로 가서 대학 교수로 잘살고 있다는 뉘앙스였다. 나의 직책은 2년제 대학의 시간강사였고, 과학에 대해 거의 아무것도 모르는 1학년 학생들에게 물리학 강의를 하는 것이 일이었다. 미국도 시간강사의 여건은 그렇게 좋지 않아 최저임금과 큰 차이가 없는 수준이다. 이 자리를 얻는 데 우주인 경력은 아무런 도움이 되지 않았다. 요구된 건 공학 대학 석사 이상의 학력이었고 다행히 그 조건은 갖추고 있었다. 힘들기는 했지만 나에게는 정말 소중한 경험이었다.

어차피 경험과 실력을 더 쌓기 위해 미국에 남기로 했기 때문에 과학관 전시, 아이들 스페이스 캠프 같은 행사에도 적극적으로 참여했다. 한국에서는 우주인이라는 위치 때문에 그런 행사에 가더라도 자문이나 연사로 초대받지 실무를 하지는 않았다. 하지만 여기에서는 실무를 시키기 위해서 나를 찾았다. 프로그램을 만들고, 안내를 하고 강의를 하는 모든 일을 직접 해야 했다. 덕분에 한국에서는 할 수 없었을 이런 경험이 축적되면 언젠가 돌아가서 더 주체적으로 일할 수 있겠다는 생각을 하게 되었다.

그런데 나의 이런 활동도 곱지 않게 보는 사람들이 있었다. 2015년 6월 24일, 한국 신문에 난 기사를 인용해보겠다. 꽤 큰 언론사 기사다.

[단독] 한국 떠난 '한국 첫 우주인' 이소연 씨,

美서 우주교육 프로그램 활동 드러나

지난해 항공우주연구원(이하 항우연)을 퇴사한 '한국 최초 우주인' 이소연씨가 최근 미국에서 우주 관련 민간 교육 프로그램에 참가한 것으로 확인됐다. 한국이 총 260억 원을 들여 우주인으로 양성했지만 정작 그는 한국이 아닌 해외에서 우주인이 되기까지의 과정과 경험을 전수하고 있는 셈이다.

국제우주대학ISU에 따르면 이씨는 지난 6월 13일(현지 시각) 미국 오하이오대학에서 열린 ISU의 SSP15Space Studies Program 2015에 우주인 패널 자격으로 참가했다. ISU는 우주 공학계에서 손꼽히는 민간 네트워크이며, SSP는 우주 전문가를 양성하기 위한 강좌와 훈련 등을 진행하는 9주짜리 프로그램이다. ISU 홈페이지에는 이소연 씨 사진이 '이씨가 다른 참가자들과 함께 지역 언론과 인터뷰를 하고 있다'는 설명과 함께 실렸다.

이씨는 지난 17일 진행된 '우주인에 물어보세요ask astronaut'란 강좌에 연사로 참여했다. 이씨 이외에 아폴로 17호에 탑승했던 미국인 해리슨 슈미트, 1996년 컬럼비아호에 탄 캐나다인 밥 서스크, 이탈리아인 파올로 네스폴리 등이 연사로 나섰다. 이씨는 2013년 한국계 미국인과 결혼해 현재 미국 시애틀에 거주하는 것으로 알려졌다. 지난해에는 매주 한 차례 시애틀 보잉필드에 있는 비행박물관에서 방문자를 대상으로 우주에서의 경험을 들려주는 자원봉사를 한 것으로 전해졌다.

이씨는 2012년 8월 항우연에 휴직계를 내고 경영학 석사MBA과정을 밟기 위해 미국 유학길에 올랐다. 이어 그로부터 약 2년 뒤 항우연에 사직서를 제출했다. 그는 그때를 전후해 가진 국내외 언론과의 인터뷰에서

"우주인이 되는 것이 인생 목표는 아니었다"며 "11일간의 우주 비행 얘기로 평생을 살 수는 없지 않느냐"고 했다. 본지는 이씨가 앞으로 어떤 계획을 가졌는지 묻기 위해 이메일 등을 통해 접촉을 시도했지만 답을 받지 못했다.

이메일을 받았는지 기억이 나지 않지만 아마 받았더라도 답장은 하지 않았을 것이다. 당시 나의 인터뷰가 크게 왜곡되어 기사로 나가는 경험을 너무 많이 했기 때문에 어떤 언론의 취재 요청에도 응하지 않고 있었다. 내가 답장을 했더라도 나의 활동을 '단독'으로 '드러낸' 분이 호의적인 기사를 써주었을 것 같지는 않다.

위 기사에 있는 '국제우주대학'에서 만난 친구가 창업한 우주 관련 회사에서 일하게 되면서 드디어 내가 배운 공학과 경영학을 함께 활용할 첫 기회를 얻게 되었다. 이 회사는 인공위성의 발사와 활용을 효율적으로 할 수 있게 서비스해주는 일을 하는 스타트업이었다. 어떤 정부나 기관이 인공위성을 발사하려고 할 때 컨설팅과 교육부터 제작, 발사, 운용 전 과정을 기획하고 실행하는 것을 도와주는 일이었다. 보잉이나 에어버스 같은 큰 곳에서 제공하기도 하지만 너무 비싸기 때문에 이 회사는 몇 개의 인공위성을 함께 발사하거나, 인공위성을 같이 사용하거나, 시간을 나눠 쓰면서 비용을 줄여 서비스를 해주는 일을 했다.

지금은 이런 회사가 꽤 많지만, 당시로서는 아주 새로웠다. 나는 주로 말레이시아, 몽골, UAE, 인도네시아와 같은 아시아권 국가들에서 사업 설계와 마케팅 업무를 맡았다. 재미있었던 일은 당시 비슷한 일을 하던 한국 회사 쎄트렉아이와 마주치는 일이 종종 있었다는 것이다. 쎄트렉아이는 우리나라 최초의 인공위성인 우리별 1호를 만들었던 카이스트 출신 연구원들이 창업한 회사로, 우리나라에서 처음 해외로 인공위성을 수출하고 UAE에 인공위성 제작 기술을 전수해준 곳이다.

우리별 인공위성을 만든 주역으로 쎄트렉아이의 창업자 중 한 명이었던 박성동 전 대표님은 우주인 선발에도 참여하여 245인에 선정되었던 분이다. 나에게는 카이스트 선배이긴 했지만 이미 너무나 유명하셨기에 우주인 선발 과정이 아니었다면 만나기도 힘든 분이었다. 그때 업무와 일정이 겹쳐서 선발 과정에 계속 참여하기 어렵다고 말씀하셨다. 이후에는 뵙지 못했는데 내가 최종 8명에 선정되어 러시아로 가는 인천공항에서 마주친 적이 있었다. 해외 출장을 가시던 박 대표님은 후배가 멀리 큰일을 하러 가는데 그냥 보낼 수 없다고 하시면서 바로 지갑을 열어 100달러짜리 지폐 한 장을 쥐어주셨다.

이 일을 하던 도중에 종종 박성동 대표님과 마주치기도 했는데, 나중에는 내가 일하는 회사와 쎄트렉아이가 MOU를 맺어 협력하는 관계가 되었다. 쎄트렉아이는 인공위성을 실제로 만드는 회사였기 때문에 직접 만들지 않는 회사 입장에서는 도움을 받을 필요가 있는 곳이고, 쎄트렉아이도 자신들이 만든 것을 판매하는 데 도움이 될 수 있기 때문에 협력이 가능한 조건이었다. 이 회사에서 일하면서 우주산업에 대해 많이 배웠고, 성장하는 초기 스타트업의 모습을 지켜볼 수도 있었다.

다음으로 일을 한 회사는 한국 소프트웨어 스타트업이었다. 코딩을 직접 할 수 없는 디자이너들을 위한 그래픽 툴을 만들어 판매하는 곳이었는데 마이크로소프트나 구글, 아마존 같은 큰 회사에 제품을 팔 정도로 매력적인 도구를 개발했다. 처음에는 잠깐 친구 일을 도와주는 정도로 시작했다가, 어느 순간 해외 영업을 총괄하는 위치까지 맡게 되었다. 워낙 제품이 훌륭해서 영업이 쉬웠던 것은 엄청난 능력을 가진 엔지니어들 덕분이었다.

미국에 살면서 한국에 있는 회사들이 해외로 진출하는 일을 도와줄 수 있다는 보람도 느끼는 감사한 시간이었다. MBA에서 공부하고 비즈니스를 가장 많이 배운 것이 이 일을 할 때였던 것 같다. 그런데 안타깝게도, 이곳에서는 잘

나가던 회사가 어떻게 순식간에 능력 있는 친구들을 한꺼번에 떠나보낼 수 있는지를 보게 되는 기회도 얻었다.

좋은 학교와 좋은 직장을 다녀온 엘리트 중에는 종종 자신이 거둔 성과가 순전히 혼자 일군 것이라고 믿는 사람들이 있다. 사실은 어느 정도 학벌과 능력이 있는 이들을 사회가 은연중에 도와주는 구조임을 이해하지 못하는 것이다. 그래서 여러 사람이 거둔 공동의 성과를 자신만의 것으로 착각하고 독차지하려는 사람들이 있는 듯하다. 그런 경우 조직은 순식간에 해체되고 성과 자체도 별로 힘을 발휘하지 못하게 되고 만다. 그래도 이 회사에서 얻은 경험 덕분에 다음에 일할 곳을 쉽게 찾을 수 있었던 것은 참 감사한 일이었다.

새로 옮겨 간 회사는 혈액을 분석하여 병을 진단하는 기기를 개발하는 곳이다. 이전 회사의 많은 직원과 함께 옮기기도 했고, 나의 박사 전공과 비슷한 분야라 쉽게 적응할 수 있을 거라 기대했다. 여기 역시 한국 회사로 미국에서 원격으로 일하고 있고, 내가 맡은 업무는 해외 사업 개발과 국제 협력이다. 이 회사는 말라리아를 시작으로 혈액 진단 기기를 개발하여 2022년에 코스닥에 상장되었다.

처음에 기대했던 것과는 달리 내가 공부했던 바이오시스템과 의료 기기 사이에는 다른 점이 많다 보니, 모르는 것이 많아 적응이 쉽지만은 않았다. 하지만 우주인으로서 또한 공학도이자 비즈니스를 하는 사람으로서 전 지구적으로 소외된 공동체에 기여할 수 있다는 점이 큰 동기부여가 된다.

MBA 공부를 마치고 미국에서 일을 찾기 시작할 때만 해도 나를 원하는 회사도 없는 것 같았고 '내가 할 수 있는 일이 과연 있을까?' 하는 의문이 들 정도로 할 일을 찾기 어려웠다. 그런데 이렇게 몇몇 회사를 거쳐 여러 사람과 관계를 맺으며 일하다 보니 이제는 직원으로 함께하는 회사의 업무 외에도 다른 일이 많은 편이다. 우주 비행 이후 해외 여러 나라의 행사에 강연자로 초대받는 일은 간간이 있었다. 지금도 일정이 허락하는 선에서 최대한 많은 사람에게 내 우주 비행에 대한 이야기를 나누기 위해 노력한다.

그 외에도 요즈음 우주산업이 전 세계적으로 부상하는 분위기이니 우주 관련 투자회사, 스타트업 들에서 자문을 요청하기도 한다. 투자회사에서 제안서를 공유해주면서 어떻게 생각하는지, 내가 아는 사람 가운데 우주 분야 전문가가 있는지를 물어오기도 하고, 투자를 유치해야 하는 스타트업의 경우 회사 전략이나 서비스를 기획하는 과정에서 자문을 청하거나 전문가 소개를 부탁하기도 한다.

그 가운데 가장 신기한 건 만화책, 영화, 드라마 제작 과정의 자문이다. 몇 년 전 우연히 러시아 우주 기술을 돌아보는 여행에서 만난, 일본에서 유명한 한인 만화가분이 우주선과 우주정거장에 대한 만화를 구상하신다며 자문을 요청하셨다. 처음에 나는 아주 짧게 우주에 다녀온 우주인이라 자세한 시스템에 대해서 제대로 설명할 수는 없을 것 같다고 말씀을 드렸는데도 막무가내로 '한국 사람 중에서는 잘 아는 우주인이시잖아요!'라고 하시며 부탁하셨다.

정말 다양하고 재미난 질문을 많이 받으면서 신기하기도 했지만, 답을 찾는 과정에서 엄청난 공부를 해야 했다. 덕분에 훈련받으면서도 배우지 못한 우주정거장과 소유스 우주선에 대한 것을 알게 되었다. 심지어는 그 어떤 문서나 인터넷 검색으로도 나오지 않는 질문이 있어서, 함께 우주비행을 했던 우리 선장님 세르게이 볼코프에게 메신저로 연락하고, 통화해서 물어본 뒤 답을 해드리기까지 한 기억이 난다. 최근에는 우주를 배경으로 하는 영화를 구상하는 감독님께서 자문을 부탁하셔서서 몇 시간씩 화상회의로 우주에 대한 이야기를 나누었고, 대본의 초안을 읽는 영광까지 얻었다.

전 세계를 강타한 한국 드라마들이 해외 어디를 가든 대화의 주인공이 되는데, 2022년에는 우주를 배경으로 하는 드라마의 작가님과 제작진에게 자문하는 역할도 맡게 되었다. 처음 몇 번은 만나서 인터뷰 형식으로 진행되다가 대본이 쓰이기 시작하자 일주일에 한 번은 작가님들과 미국 밤 시간에 국제전화로 통화하기도 했다.

그리고 우주정거장을 그대로 세트로 만든 촬영장에 초대받아 드라마 현장을 직접 보고 연기자분들께 우주에 대한 이야기를 하는 기회도 있었다. 지상에서는 중력을 없앨 수 없으니, 와이어를 달고 무중력 연기를 하셨는데 무척 어려워 보였다. 과거 SF 영화에서는 우주선에서도 우주인들이 걸어 다니고 의자에 앉아서 운전하는 경우가 많기에 너무하다 싶기도 했다. 이제는 드라마에서도 우주에서라면 당연히 무중력 환경을 보여주어야 한다는 생각으로 연기자분들이 와이어 연기를 하시는 것을 보니, 우주가 한결 우리의 일상과 가까워졌다는 실감이 들었다.

미국으로 유학을 떠난 지 10년이 넘어가고 있다. 이제는 내가 처음 계획했던, 공학과 비즈니스의 연계 부분에서 어느 정도 역할을 할 수 있지 않을까…. 여기에 우주인으로서의 경험까지 더하여 활용할 수 있다면 더 즐겁게 일하게 될 것 같다. 다행히 최근 들어 우주산업이 특히 많은 주목을 받고 있으므로 언젠가 기회가 생기지 않을까 하는 기대가 든다.

3

다시

우주로

우주와 관련된 흥미로운 일이 많이 벌어지면서 사람들의 관심이 크게 늘어났다. 2022년 6월 21일, 우리나라에서 자체 개발한 발사체 누리호가 시험 발사에 성공했다. 누리호는 1.5톤급 위성을 지구 상공 600~800킬로미터 궤도에 투입할 수 있는 3단형 발사체다. 1단은 75톤급 엔진 4기가 클러스터링 되어 있고, 2단은 75톤급 엔진 1기, 3단은 7톤급 엔진 1기로 구성되었다.

누리호의 작동 방식은 기본적으로 앞에서 설명한 소유스호와 같다. 1단이 약 2분 동안 로켓을 59킬로미터 높이까지 올린다. 2단은 다시 2분 30초 동안 연소하며 로켓의 속력을 약 초속 4.3킬로미터로 만든 후 고도 258킬로미터에서 연소를 마치고 분리된다. 그 도중에 인공위성을 감싸고 있는 페어링이 분리된다. 마지막 3단 로켓은 고도 700킬로미터에서 지구궤도를 돌 수 있는 속력인 초속 7.5킬로미터를 만들어주는 역할을 한다.

2021년 10월에 이루어진 1차 시험 발사에서는 1단과 2단 로켓은 임무를 마쳤지만 3단 로켓의 연소가 성공적으로 이루어지지 않았다. 그래서 충분한 속력을 얻지 못한 위성 모사체가 지구로 다시 추락하고 말았다. 하지만 2022년 2차 발사에서는 모든 과정을 완벽하게 해내 한국은 1톤 이상을 우주로 발사할 수 있는 일곱 번째 나라가 되었다. 내가 살고 있는 미국 서부 시간으로는 밤 12시 즈음이었음에도 대한민국 우주 역사에 한 획을 긋는 그 순간을 놓칠 수 없어 공식적 성공이 발표될 때까지 핸드폰을 내려놓을 수 없었다. 나로 우주센터 발사 생방송을 지켜보며 2009년과 2010년 나로호 1차와 2차 발사 때, 텔레비전 중계를 하면서 마음 졸이던 때가 떠오르기도 했다.

자체 개발한 로켓의 발사를 단 두 번 만에 성공시킨 것은 정말 대단한 성과다. 미국과 러시아에서는 이미 예전에 달성한 수준이고 격차가 크긴 하지만, 발사체는 아무리 늦었더라도 반드시 우리가 가져야 하는 기술이다. 앞으로 있을 후속 발사와 향후 업그레이드에도 좋은 결과가 있기를 기대하고, 성공을 위해 노력하고 계실 모든 분을 응원한다.

2022년 8월에는 우리나라 최초의 달 탐사선 다누리호가 발사되었다. 다누리호는 연료를 아끼기 위해 탄도형 달 전이 방식Ballistic Lunar Transfer, BLT으로 4개월 동안 우주를 날다가 달에 도착하여 무사히 궤도에 진입했다. BLT 궤적은 태양과 지구 사이의 중력 균형점인 라그랑주 1Lagrange L1, 지점까지 갔다가 다시 지구와 달의 중력으로 돌아와 달의 궤도로 진입하는 방식이다. 시간은 오래 걸리지만 연료를 크게 아낄 수 있다는 장점이 있다. 그 과정에서 다누리호는 지구와 달이 한 화면에 잡히는 귀한 사진도 찍었다. L1 지점은 지구에서 150만 킬로미터 거리에 있어서 지구와 달이 한 화면에 잡히기 때문에 가능한 것이었다. 이뿐 아니라, 30일 동안 달이 지구 주위를 공전하는 사진도 세계 최초로 촬영했다. 역시 BLT 궤적으로 갔기 때문에 할 수 있었다.

BLT 궤적은 연료를 아끼기 위해 어쩔 수 없이 선택한 경로였는데, 오히려 150만 킬로미터 이상의 심우주탐사 경험을 쌓고 다른 달 탐사선들이 절대 찍을 수 없는 사진까지 촬영해 전화위복의 성과를 거두었다. 사실 많은 전문가가 설사 다누리호의 BLT 궤적 여행이 실패했더라도 크게 비난하지 않았을 거라고 이야기할 정도로 쉬운 일이 아니었다. 그럼에도 이뤄낸 다누리호의 성공 역시 우리나라 과학기술자들의 우수한 능력을 너무나 잘 보여준 쾌거라고 할 수 있다.

다누리호에는 총 6개의 탑재체가 실려 있는데, 그중 과학자들의 가장 큰 관심을 받는 것은 '광시야 편광카메라'가 얻을 자료다. 태양 빛이 달에 있는 입자에 반사되면 빛은 한쪽 방향으로만 진동하는 편광이 되는데, 이것을 관측하여 분석하면 입자의 크기와 모양 등 여러 성질을 알아낼 수 있다. 달의 입자는 미소 운석 충돌, 태양풍, 고에너지 우주선cosmic ray, 달에서의 마그마 분출 등 여러 원인에 의해 성질이 달라지는데, 다누리호의 광시야 편광카메라가 이를 분석하여 달이 어떤 역사를 거쳐서 진화해왔는지 알아낼 데이터를 제공해줄 것으로 기대한다. 지금까지 달 궤도에서 달의 편광 관측이 이루어진 적은 한 번도 없기 때문에 우리나라뿐 아니라 수많은 해외 과학자들도 다누리호의 자료를 고대하고 있다. 세계적인 과학 저널인 《네이처》와 《사이언스》에서 특집 기사로 다루면서 관심을 보이기도 했다.

다누리호에 실린 '우주 인터넷 시험 장비'는 이미 달보다 더 먼 거리에서 동영상과 메시지를 전송하는 데 성공했다. 기존의 우주 통신은 위성과 직접 연결하여 데이터를 바로 받는 방식이기 때문에 도중에 끊어지면 처음부터 다시 시작해야 한다. 이번 시험 장비의 우주 인터넷은 DTNDelay/Disruption Tolerant Network(지연 및 단절 허용 네트워크) 방식으로, 연결에 장애가 발생했을 때 데이터를 노드node에 저장했다 다시 연결되었을 때 이어서 전송할 수 있다. 이를 위해 데이터를 노드에 저장 가능한 형태로 분할하여 전한다. 위성 1대와 연결할 때는 기존의 방식과 큰 차이가 없을 수 있지만, 여러 대일 경우 위성이 지구에서 보이지 않아도 다른 위성을 노드로 이용해 끊어지지 않고 통신할 수 있게 된다. 위성이 많아지는 미래를 위한 통신 기술이라고 할 수 있겠다.

달에 가면서 지구와 달 사진을 촬영한 '고해상도 카메라'는 달에 도착한 뒤 상공에서 달 표면과 지구를 함께 찍어 보내주기도 했다. 앞으로 표면을 정밀하게 촬영해서 향후 우리나라의 달 착륙선이 내릴 지점을 고를 수 있도록 자료를 제공해줄 것이다. 또한 '자기장 측정기'는 달의 진화와 우주 환경 연구를 위해 달의 자기장 세기를 측정하고, '감마선 분광기'는 달 표면의 자원 탐사를 위한 자료를 마련할 예정이다.

다누리호에 실린 6개의 탑재체 중 지금까지 소개한 5개는 우리나라에서 개발한 것이지만, 마지막 '섀도캠'은 NASA에서 제작한 카메라다. 이는 지금까지 달을 관측한 NASA의 기존 카메라보다 200배 이상 빛에 민감하기 때문에 이전에는 보지 못했던 영구음영지역(햇빛이 전혀 들지 않는 지역)을 촬영할 수 있다. 이 지역에는 물이 존재할 가능성이 높다. 섀도캠의 목표는 달에서 물을 찾고, 아르테미스 유인 탐사선이 착륙할 후보지를 탐색하는 것이다. 다누리가 실패했다면 아르테미스프로젝트에도 차질이 생길 수 있었기 때문에 NASA에서 특히 관심을 많이 기울였다.

아르테미스프로젝트는 미국의 달 탐사 계획으로, 1972년 아폴로 17호 이후 처음으로 다시 달에 유인 탐사선을 보내는 것이 목표다. 1단계로 2022년 11월에 우주 캡슐 오리온이 발사되어 26일간 달 궤도 선회 임무를 마치고 지구로 무사히 귀환했다. 2024년에는 유인 달 궤도선을, 2025년 또는 2026년에는 유인 달 착륙선을 보낼 예정이다. 아르테미스는 그리스신화에서 아폴로 누이인 달의 여신 이름으로, 이 계획에서는 최초로 여성 우주 비행사가 달에 발을 디디게 될 것이라는 기대에 너무나도 딱 맞는 듯하다.

한때 우주개발에 시큰둥한 듯 보이던 미국이 다시 열을 올리게 된 데는 중국의 영향이 크다는 의견이 설득력 있어 보인다. 중국은 2003년 최초의 유인 우주선 선저우 5호의 성공을 시작으로 엄청난 속도로 우주개발 역사를 쓰고 있다. 2005년과 2008년 두 차례 유인 우주선 발사를 성공한 데 이어 2011년에는 실험용 우주정거장 톈궁 1호를 발사했고, 2012년에는 3명의 우주 비행사를 태운 선저우 9호가 우주정거장 톈궁 1호와 도킹에 성공했다. 2013년에는 달 탐사선 창어 3호가 탐사 로버 옥토끼를 달에 착륙시키면서 러시아와 미국에 이어 달 착륙에 성공한 세 번째 국가가 되었다.

기세를 몰아 2019년에는 창어 4호가 인류 최초로 달의 뒷면에 착륙했다. 이곳은 지구와 직접 통신이 되지 않기 때문에 중국은 달의 뒷면과 지구 사이를 연결하는 통신 중계 위성 오작교를 먼저 띄워 지구와의 통신을 가능하게 하는 기술까지 선보였다. 그리고 2020년에는 창어 5호가 달에서 표본을 채집하여 지구로 돌아오는 데 성공했다. 이제 중국은 2030년대에 유인 우주선을 착륙시킬 목표로 달 탐사를 계속 진행하고 있다.

중국은 달 탐사뿐만 아니라 2020년 자체 위성항법 시스템 베이더우를 완성했고, 2022년에는 우주정거장 톈궁을 완성했다. 특히 2021년에는 중국 최초의 화성 탐사선 톈원 1호가 화성 궤도 진입, 착륙, 탐사 로버 작동까지 화성 탐사 3단계 임무를 한꺼번에 해내는 놀라운 성과를 거두었다. 2021년에 NASA의 신임 국장이 된 빌 넬슨Bill Nelson이 예산 설명 자리에서 중국 화성 탐사 로버 주룽의 사진을 보여주며 미국이 우주탐사에 더 적극적으로 나서야 한다고 주장한 사실을 생각하면, 확실히 중국의 우주탐사는 미국에 적지 않은 충격이 된 듯하다.

중국이 '우주굴기'를 내세우며 적극적으로 우주개발에 나서는 것은 경제적, 군사적 이유를 포함해 여러 가지를 생각할 수 있겠지만, 무엇보다 미국을 넘어서는 패권 국가가 되고자 하는 의지를 보이려는 목표도 큰 이유가 아닐까 생각된다. 강대국의 우주탐사를 지켜보는 세계의 많은 사람들에게 우주개발에 가장 앞선 나라가 세계 최고의 국가라는 이미지를 줄 수밖에 없을 것이다. 따라서 중국이 여기에 열을 올리는 중요한 이유는 '세계에서 가장 잘나가는 나라'임을 과시하려는 의도가 다분할 수 있다. 미국도 이런 중국의 뜻을 잘 알기 때문에 우주에 대한 패권을 놓치지 않겠다는 의지를 보일 수밖에 없겠지 싶다.

또 하나의 우주 강국이라고 할 수 있는 우리의 이웃나라 일본 역시 우주개발에 박차를 가하고 있다. 일본의 우주 기업 아이스페이스는 2022년 12월, 자체 개발한 달 착륙선 미션 1을 스페이스X의 팰컨 9 로켓에 실어 발사했다. 이 글을 쓰고 있는 동안 달을 향해 날아가는 중이고 독자들이 이 책을 읽을 즈음에는 성공 여부가 판가름 났을 것이다. 일본은 이미 하야부사 1호와 2호 탐사선으로 소행성에 착륙하여 샘플을 지구로 가져오는 데 성공한, 우주탐사 기술에서 꽤 앞서 있는 나라다. 미션 1이 성공하면 일본은 러시아, 미국, 중국에 이어 네 번째로 달 착륙 국가가 된다.

일본의 달 착륙선 미션 1에는 UAE의 소형 탐사 로버 '라시드'가 실려 있다. UAE는 이미 화성 탐사선 '아말'을 화성 궤도에 진입시키는 데 성공해 세계 다섯 번째로 화성 탐사에 성공한 나라다. UAE 최초의 인공위성인 두바이샛DubaiSat 1호와 2호는 앞에서 소개한 우리나라의 인공위성 제작 회사인 쎄트렉아이와의 협력으로 개발되었다. 이 과정에서 UAE의 기술자들이 카이스트와 쎄트렉아이에서 교육을 받으며 역량을 축적했다. 화성 탐사선이 성공한 후 이 프로젝트 책임자인 옴란 샤라프는 성취의 배경 중 하나로 "2000년대 한국과의 협력을 통해 두바이샛 1, 2호를 발사하면서 많은 지식을 전수받은 것"을 꼽기도 했다.

UAE의 우주탐사는 우리보다 늦게 시작되었지만 국가의 전폭적인 지원으로 한국을 앞서게 된 사례로, 국가가 우주개발에서 얼마나 중요한 역할을 할 수 있는지를 보여주는 좋은 예가 되었다. 2025년까지 확정된 세계 각국의 달 탐사 계획은 20개가 넘고, 달 탐사 로버도 12대가 예정되어 있다. 우주탐사는 이제 선택이 아니라 미래를 생각하는 나라라면 당연히 해야 하는 일이 된 것이다.

2021년 크리스마스에 발사된 제임스웹우주망원경 역시 우주에 대한 사람들의 관심을 높이는 데 큰 역할을 했다. 이 우주망원경은 처음 계획을 세우기 시작한 지 25년 만에 발사되었는데, 전체 예산은 약 100억 달러로 10조 원이 훨씬 넘는 금액이다. 아리안 5 로켓에 실려 발사된 제임스웹은 한 달 동안 약 150만 킬로미터를 날아 L2 지점에 무사히 도착했다.

L2 지점은 지구와 같은 각속도로 태양의 주위를 도는 5개의 라그랑주 점 중 하나로, 다누리호가 거쳐 갔던 L1 지점과는 지구의 반대편에 위치해 있다. 그러니까 L2 지점은

지구에서 볼 때 항상 태양과 반대편에 있다. 태양에서 지구보다 멀리 있는 물체는 태양의 중력이 약하기 때문에 지구보다 느린 속도로 태양 주위를 돈다. 그런데 L2 지점은 지구의 중력이 조금 더 더해져서 더욱 강한 중력으로 당기기 때문에 지구와 같은 각속도로 태양 주위를 돌게 되는 곳이다. 지구에서는 항상 같은 위치에 있는 것으로 보이기 때문에 우주망원경을 관리하기에 최적의 지점으로 꼽힌다. 우주배경복사를 관측한 WMAP, 플랑크우주망원경, 별들의 위치를 정확하게 관측하는 가이아우주망원경 등 그동안 많은 망원경이 L2 지점으로 보내졌다.

제임스웹우주망원경은 18개의 육각형으로 이루어진 지름 6.5미터의 거울을 가지고 있다. 거울이 노란색으로 보이는 이유는 적외선을 가장 잘 반사하는 금을 입혔기 때문이다. 금은 0.1마이크로미터 두께로 코팅했고, 전체 사용된 양은 48그램 정도로, 보이는 것보다는 꽤 적다. 거울의 구조는 구조물을 만들 수 있는 재료 중 가장 가벼운 금속인 베릴륨으로 이루어졌다. 거울 뒤에는 머리카락 두께보다 1만 배 더 정밀한 수준으로 거울을 미세하게 조절할 수 있는 132개의 조정 장치가 달렸다. 그렇게 긴 시간과 엄청난 예산이 들 수밖에 없었던 데는 다 이유가 있었다.

망원경의 아래쪽에 있는 분홍색 부분은 태양 빛을

가리는 차단막이다. 제임스웹은 지구에서 태양의 반대편인 L2 지점에 있지만, 지구 그림자 속에 있는 것이 아니라 태양과 지구를 연결하는 선에서 수직에 가까운 방향으로 회전하고 있다. 망원경 작동을 위한 에너지를 얻기 위해서는 태양 빛을 받아야 하기 때문에 지구 그림자 속에서는 활동할 수가 없다. 하지만 에너지원인 태양 빛을 받으면 망원경의 온도가 올라가는 문제가 생긴다. 온도가 올라가면 망원경에서도 적외선이 나오기 때문에 온도를 최대한 낮춰야 하다 보니, 차단막은 태양 빛을 받으면서 동시에 차단하는 역할을 하는 것이다.

차단막은 테니스장 크기의 다섯 겹 막으로 이루어져 있고 각 막의 두께는 머리카락 정도밖에 되지 않는다. 막사이의 공간은 진공상태이므로 단열 장치 역할을 한다. 차단막 전체가 차지하는 두께는 겨우 약 2미터지만, 태양을 향하는 쪽의 온도는 섭씨 85도, 망원경이 있는 쪽은 영하 233도로 무려 300도가 넘는 차이를 만들어낸다. 그래서 이것을 2미터의 기적이라고 부르기도 한다. 차단막의 아래쪽은 지구와 태양을 향하기 때문에 에너지를 얻기 위한 태양전지판과 지구와의 통신을 위한 안테나가 부착되어 있다. 제임스웹은 발사 로켓에 그대로 싣기에는 너무 커서 태양전지판, 태양 차단막, 거울을 모두 접어서 발사한 다음 목적지로 날아가면서 펼쳤다.

　　제임스웹은 2022년 7월부터 우주를 관측한 사진을 보내왔는데, 이를 본 과학자들은 상투적인 표현이지만 '감탄을 금치 못했다'. 이 우주망원경은 최초의 별과 은하 관측, 은하의 형성과 진화, 별과 행성계의 형성, 행성계와 생명의 기원 연구라는 4개의 핵심 목표를 가지고 있는데, 과학자들은 네 주제 모두에서 커다란 발전을 이룰 수 있을 것이라고 기대한다. 심지어 앞으로 천문학은 제임스웹 이전과 이후로 나뉠 거라는 말까지 나온다는 이야기도 들었다.

　　제임스웹이 관측한 멋진 천체사진은 일반인에게도 많이 알려지면서 우주에 대한 관심을 높이고 있다. 우주에 대한 이런 눈길이 우리의 삶을 우주로 확장시키는 우주 시대에 대한 관심으로도 이어지기를 기대한다.

내일의 우주

언제부터인가 뉴스페이스라는 단어가 우주와 관련된 뉴스에 단골로 등장하고 있다. 내가 즐겨 듣는 팟캐스트 〈과학 하고 앉아 있네〉에서 K박사님이 '뉴스페이스란 우주로 가는 비용이 싸진 것'이라고 간단하게 정리해주셨다. 그 기준으로 본다면 뉴스페이스의 문을 연 건 일론 머스크의 스페이스X일 것이다. 사실상 뉴스페이스는 2015년 스페이스X가 인공위성을 발사한 1단 로켓을 다시 착륙시키는 데 성공하면서 시작되었다고 할 수 있다.

아폴로프로젝트 이후 지구궤도에 무언가를 올려놓기 위한 로켓 발사 비용은 킬로그램당 1만 달러에서 2만 달러로 수십 년 동안 거의 변화가 없었다. 그런데 스페이스X가 재사용이 가능한 로켓 팰컨 9과 팰컨 헤비를 등장시키면서 비용이 킬로그램당 2,000달러 수준이 되었다. 스페이스X가 2023년에 시험비행을 할 스타십이 상용화되면 이는 200달러로 내려갈 것으로 기대하고 있고, 스타십의 재활용 횟수가 증가하면 킬로그램당 20달러 수준도 가능할 것이라는 이야기도 들린다. 이 정도라면 인천에서 뉴욕까지의 왕복 항공권과 비슷한 것이다.

아직은 이렇게까지 저렴해지는 미래가 그리 가까운 느낌이 들진 않지만, 킬로그램당 2,000달러 수준만으로도 혁명적인 변화가 시작되고 있다. 인공위성을 우주로 발사하는 비용이 너무 비싸면 절대 실패해서는 안 된다. 실패하지 않기 위해서는 부품 제작, 검증, 조립에 많은 시간과 비용을 쏟아야 하기 때문에 인공위성의 가격도 비싸질 수밖에 없다. 그래서 우주개발은 우주 선진국들이 군사 목적이나 과학지식, 국가 위상 제고 같은 국가적 차원의 목표를 위해 오랜 시간과 큰 비용을 투자해야만 가능한 일이었다. 이는 올드스페이스라고 할 수 있다.

그런데 비용이 내려가면 국가적 차원이 아니라 민간에서도 얼마든지 우주선이나 위성을 발사할 수 있게 된다. 그래서 뉴스페이스는 민간이 주도하는 우주개발의 다른 이름이기도 하다. 물론 이 역시 우주로 가는 비용이 싸졌기 때문에 가능하게 되었다. 민간이 우주개발을 주도하면 우주를 정치적, 군사적으로 보지 않고 상업적으로 보는 것이 가능해지면서 이와 함께 새롭고 다양한 우주산업이 등장하게 된다.

새로운 우주산업 중 우리에게 먼 듯하지만 또 가장 가깝게 느껴지는 것이 우주 관광이다. 2021년 7월 11일, 영국의 리처드 브랜슨Richard Branson 버진그룹 회장이 자신이 창업한 버진갤럭틱의 유인 우주선 스페이스십2를 타고 우주 관광 비행에 성공했다. 스페이스십2는 모선 비행기인 '이브'와 우주선 '유니티'로 구성되어 있고, 브랜슨을 포함한 4명의 탑승객과 2명의 조종사가 비행을 함께했다.

이브가 동체 아래 유니티를 매달고 16킬로미터 상공에 도달하면 이브에서 유니티가 분리되어 고도 약 90킬로미터까지 올라간다. 그리고 4분간의 자유낙하 동안 무중력을 경험한 후 착륙한다. 스페이스십2의 발사부터 착륙까지는 한 시간 정도 걸렸고, 유니티가 분리되어 상승한 후 착륙할 때까지의 시간은 약 15분이었다. 그중 4분간 무중력을 경험하는 것이다. 이렇게 짧은 우주여행인데도 2014년까지 우주여행 티켓 600여 장을 1장당 20만~25만 달러(약 3억 원)에 예약 판매했고, 2021년에는 100장을 45만 달러(약 5억 원)에 추가 판매했다. 많은 유명인이 버진갤럭틱의 우주여행 티켓을 구매해 비행을 기다리고 있다고 한다.

2021년 7월 20일에는 세계 최고의 부자이자 아마존 창업자인 제프 베이조스가 역시 자신이 창업한 블루오리진의 준궤도 로켓 '뉴셰퍼드'를 타고 우주 비행에 성공했다. 어릴 때 아폴로 11호의 달 착륙 생중계를 보며 우주에 대한 꿈을 키웠다는 제프 베이조스는 자신의 첫 우주 비행 날짜를

1969년 닐 암스트롱과 버즈 올드린이 달에 발을 디딘 지 52년이 되는 날로 잡았다. 로켓 이름도 미국 최초의 우주 비행사이자 아폴로 14호를 타고 달을 방문한 앨런 셰퍼드의 이름을 딴 것이다.

베이조스를 포함한 4명이 탄 로켓은 수직으로 발사되어 3분 만에 고도 80킬로미터에 도달했다. 이 지점에서 로켓 상단에 있는 캡슐이 분리되어 고도 106킬로미터까지 상승한 뒤 지상으로 낙하산을 펴고 착륙했다. 이 과정에서 약 3분 동안 캡슐이 자유낙하 하며 무중력을 경험할 수 있었는데, 발사부터 착륙까지 전체 비행 시간은 11분 정도였다. 캡슐을 실어 보낸 로켓은 재활용을 위해 지상으로 다시 착륙했다. 2022년 말까지 버진갤럭틱은 후속 비행을 못 하고 있는 것과 달리, 블루오리진은 모두 다섯 차례에 걸쳐 25명의 우주여행객을 배출했다.

그런데 버진갤럭틱과 블루오리진의 우주여행은 무중력 체험 시간이 3~4분에 지나지 않아 과연 그렇게 큰돈을 들일 만한 가치가 있는지에 의문을 제기하는 사람이 많다. 이에 비하면 스페이스X의 우주 관광은 차원이 다르다. 스페이스X의 유인 우주선 크루드래건은 최초의 우주여행객 4명을 태우고 2021년 9월 15일에 자체 개발한 재사용 가능한 우주 발사체 '팰컨 9'에 실려 발사되었다. 크루드래건은 국제우주정거장, 허블우주망원경보다 더 높은 고도 575킬로미터 궤도에서 사흘간 지구 주위를 돌았다. 지구 주위를 돌고 있으니 3일 내내 무중력 경험을 하는 것은 당연한 일이다. 2022년 4월에는 민간인 3명을 국제우주정거장으로 보내 정부 기관이 아닌 민간 기업 주도의 첫 우주정거장 방문 프로젝트도 성공시켰다.

스페이스X의 우주여행 비용은 수백억 원 규모로 아직 일반인이 이용하기에는 너무 비싸지만, 기술 발전의 속도를 보면 가격은 빠르게 낮아질 것으로 기대하고 있다. 상업용 비행기가 처음 등장했을 때도 일반인이 이용할 수 없는 금액이었지만 몇십 년 지나지 않아 사람들이 어렵지 않게 이용 가능한 수준이 된 적이 있다. 이런 식으로 우주여행이 활발해지면 이제까지는 우리가 생각지 못한 새로운 산업들이 등장할 것이다.

미국의 우주개발 회사 오비털 어셈블리는 2021년 인공중력으로 작동하는 상업용 우주정거장 보이저 스테이션을 건설하겠다는 계획을 발표했다. 지름 212미터의 원형 우주정거장이 회전하면서 인공중력을 만들어내며, 100여 명의 승무원과 300명의 방문객을 수용하는 일종의 우주 호텔이라 할 수 있겠다. 2025년에 착공을 시작하여 2027년에 완성한다는데, 과연 계획대로 사업이 추진될지는 의문이지만 언젠가는 이와 비슷한 일이 실제로 진행될 것은 분명해 보인다. 아무래도 지켜보는 우리들에게는 가장 드라마틱한 우주 관광이 뉴스페이스의 '핫한' 사업 중 하나가 될 듯하다.

우주에서 무중력이라는 특별한 조건을 이용해 정밀한 물건을 제작하는 우주 제조업도 주목받는 분야다. 내가 우주에서 수행했던 실험 중 하나였던 제올라이트 합성과 결정 성장 실험도 바로 무중력을 이용해 완벽하게 같은 모양과 크기의 입자를 만드는 것이었다. 제올라이트는 활용도가 아주 높기 때문에 우리 실험 이후에도 우주정거장에서 활발하게 연구가 진행되었고, 앞으로 우주로 가는 비용이 더욱 낮아지면 우주 공간에 제올라이트 공장이 생길 가능성도 커 보인다.

3D 프린팅으로 인공장기를 만드는 바이오프린팅 기술은 이미 오래전에 개발했지만 아직 제대로 상용화되지는 않고 있다. 그 이유 중 하나가 복잡한 구조를 갖는 기관을 3D 프린팅으로 제작하면 지구의 중력 때문에 형태가 너무 쉽게 무너져버리기 때문이다. 그래서 중력이 없는 우주에서 장기를 프린팅하는 실험을 진행하고 있다. 언젠가 우주에 신체 장기 공장이 만들어지는 것이 SF 영화만의 이야기는 아닐 수도 있겠다.

무중력 환경은 아무리 기술이 발전한다 할지라도

지상에서 길게 만들기는 거의 불가능하기 때문에 반드시 우주로 가야만 얻을 수 있다. 지상에서는 제대로 섞이지 않는 금속이 무중력 환경에서는 잘 혼합되어 새로운 특성을 갖는 유용한 합금을 만들 수도 있다. 이런 특별한 환경을 이용한 우주 제조업 관련 분야도 앞으로 활발하게 연구되지 않을까? 뉴스페이스의 부상으로 정말 다양한 아이디어가 하루가 다르게 출현하는 상황이다 보니, 가끔은 '우주인인데 이 기술을 못 들어봤다고?'라는 반응을 접하게 될 때가 많다.

2023년 1월, 스페이스X는 우리나라에 위성 인터넷 서비스 스타링크를 제공할 계획이라고 발표했다. 스타링크는 2027년까지 약 550킬로미터 고도에 1만 2,000개의 위성을 쏘아 올려 인터넷을 공급하는 서비스다. 이미 2020년부터 미국에서 베타서비스를 시작했고, 이제 우리나라에서도 서비스를 하겠다는 것이다.

위성 인터넷은 인터넷망이 잘 깔린 대도시에서는 큰 효과가 없지만 도서 산간 지역이나 이동 중인 차량, 항공기, 선박 등에 대한 서비스에는 아주 유리하다. 그리고 지상 기지국이 파괴되는 재난 상황에 꼭 필요한 역할을 할 수 있다. 특히 2022년 우크라이나 러시아 전쟁에서 인터넷 인프라가 파괴된 우크라이나 정부가 지원 요청을 하자 일론 머스크가 3,670개의 스타링크 단말기를 기부하여 우크라이나 지역에서 인터넷을 사용할 수 있게 한 것은 위성 인터넷의 위력을 보여주는 좋은 예가 되었다.

미국에서 내가 사는 곳이 대도시 외곽이다 보니 질 좋은 인터넷 서비스를 이용하기 힘들어서, '나도 스타링크를 써볼까?' 했던 적이 있었다. 마침 우주 분야 행사에서 만나 함께 프로젝트를 하게 된 친구가 스페이스X에서 스타링크와 관련된 일을 한다고 해서 물어봤다. 그랬더니 벌써 미국 북서부 지역은 서비스를 할 수 있는 최대 이용자가 꽉 차서, 위성을 더 쏘아 올릴 때까지 기다려야 한다는 이야기에 깜짝 놀랐다. 이미 지상의 다양한 인터넷 서비스가 있는데 사람들이 얼마나 사용할까, 싶었지만 의외로 꽤 많은 이들이 이미 위성 인터넷 서비스를 쓰고 있다는 말이었다.

위성 인터넷은 앞으로 새롭게 형성될 우주산업에서 큰 시장을 차지할 것으로 보인다. 모건 스탠리는 우주 인터넷 시장 규모가 향후 20년 안에 최대 5,820억 달러에 달할 것으로 예상했다. 우리나라 1년 예산과 비슷한 정도다. 위성 인터넷 사업은 스페이스X의 스타링크가 가장 앞서 나가고 있고, 영국의 원웹이 곧 서비스를 시작할 예정이다. 원웹에는 우리나라의 한화시스템이 3억 달러를 투자하기도 했다.

2022년 글로벌 위성기업 막사 테크놀로지는 우크라이나 러시아 전쟁 중에 러시아가 우크라이나의 곡물을 탈

취하여 수송하는 장면을 위성으로 포착해 공개했다. 우크라이나는 러시아가 점령한 지역에서 곡식을 빼앗고 있다고 비난해왔고 러시아는 이를 부인했다. 하지만 위성에 현장이 포착되면서 덜미를 잡힌 것이었다.

지구관측위성 역시 새로운 산업을 만들어내는 대표적인 분야다. 위성사진을 인공지능으로 분석하여 정보를 찾아내는 오비털 인사이트는 주요 산유국들의 지상 원유 저장고를 분석하여 저장량을 추정하고 있다. 원유 저장고 중에는 지붕이 고정식이 아니라 떠 있는 것이 있는데, 이 지붕은 원유의 양에 따라 위아래로 움직이게 된다. 오비털 인사이트는 고해상도 위성사진을 활용해 지붕의 높이에 따라 원유 저장고에 생기는 그림자의 크기가 달라지는 것을 관찰해서 원유가 얼마나 들어 있는지 알아낸 것이다. 이 방법으로 전 세계 주요 국가들의 데이터를 꾸준히 추적하면 저장고 속 원유의 양이 어떻게 변하는지 알아낼 수 있다.

대형 마트 주차장에 세워진 자동차의 수를 이용하여 경제 흐름과 기업 가치를 분석할 자료를 얻기도 하고, 주요 항만의 선박 교통량을 헤아려 경기 흐름을 예측하기도 한다. 그리고 농작물의 작황 변화를 알아내어 농산물 수급 계획에 이용하는 곳도 있다. 이런 정보는 국제 관계나 정치적 문제, 다른 경제 상황과 결합하면 여러 방법으로 사용 가능한 고급 정보가 된다.

인공위성을 이용한 지구 관측은 앞으로 새로운 산업이 생겨날 잠재력이 가장 큰 분야라고 할 수 있다. 지금은 사실 아주 초보적인 방법으로 관측 자료를 사용하고 있을 뿐이다. 앞으로 해상도가 더 높아지고 촬영 주기가 빨라지고 가격이 내려가면 어떤 산업이 떠오를지 상상하기 힘들 정도다. 처음 인터넷이 도입되었을 때 지금 우리가 누리는 서비스들이 나타날 것을 전혀 예상하지 못했듯, 앞으로 인공위성이 지구 구석구석을 관측하는 시대가 되면 무엇이 등장할지 궁금하다.

우주가 손짓한다

뉴스페이스 시대를 연 스페이스X는 온라인 결제 서비스를 제공하는 페이팔을 창업하여 매각한 일론 머스크가 2002년에 설립했다. 화성으로 우주선을 보내고 싶었던 머스크는 발사용 로켓을 구하기 위해서 러시아를 두 번 여행했다. 터무니없는 가격에 놀라 로켓을 제작하려면 돈이 얼마나 필요할까를 고민하기 시작했다. 그리고는 다른 행성으로 가는 로켓을 직접 만들겠다는 목표로 로켓을 만드는 회사를 설립했다.

　　스페이스X는 회사를 만든 지 겨우 4년 뒤인 2006년 3월에 멀린Merlin 엔진으로 작동하는 로켓 팰컨 1 첫 발사 시험을 했다. 팰컨은 영화 〈스타워즈〉에서 한 솔로의 우주선 밀레니엄 팰컨Millennium Falcon의 이름을 딴 것이고, 멀린은 중간 크기 매의 이름이다. 우리나라에서는 황조롱이라고 부른다. 2단 엔진 케스트렐Kestrel, 나중에 만들어질 스타십의 엔진 랩터Raptor와 같이 스페이스X의 로켓 엔진 이름은 모두 매의 이름에서 가져왔다. 처음으로 발사된 팰컨 1은 발사 후 30초도 되지 않아 엔진에 불이 붙어 바다로 추락했다.

사실 이전에도 로켓을 만들겠다는 민간 기업은 많았다. 스페이스X가 이전 회사들과 달랐던 점은 로켓을 계속 발사했다는 것과 세 번의 실패에도 포기하지 않았다는 것이었다. 팰컨 1은 스페이스X 설립 6년 후인 2008년 9월, 네 번째 발사에 처음으로 성공했다. 3차 발사에 실패한 지 한 달 보름 만이었다. 그리고 고작 2년 뒤 2010년 6월에 팰컨 9 첫 발사에 성공했다. 팰컨 9의 '9'는 엔진 9기를 사용했다는 의미다. 팰컨 1은 2009년 단 하나의 위성을 궤도에 올린 후 서비스를 종료했다. 이 로켓이 발사한 유일한 위성은 말레이시아의 라작샛RazakSAT인데, 이 위성은 내가 러시아에 갈 때 공항에서 만났던 박성동 선배님이 함께 창업하여 대표로 있던 쎄트렉아이에서 만들어 수출한 것이었다. 결국 스페이스X 최초의 발사체 팰컨 1이 처음이자 마지막으로 궤도에 올린 건 우리나라에서 만든 위성이 되었다.

스페이스X는 2012년 팰컨 9으로 화물 수송선인 카고드래건Cargo Dragon을 발사하여 국제우주정거장으로 화물을 운송하는 데 성공한 이후 수십 차례의 우주 화물 운송 임무를 해냈다. 그리고 2015년 12월, 팰컨 9의 21번째 비행에서 1단 로켓을 다시 착륙시키는 데 성공하여 뉴스페이스 시대의 문을 열었다. 2018년에는 팰컨 9의 1단 3기를 묶은 팰컨 헤비 발사도 성공했다. 그러니까 팰컨 헤비에는 멀린 엔진 27기가 묶여 있는 것이다.

미국은 2011년 우주왕복선을 종료하면서 이후 국제우주정거장에 가기 위해서는 러시아의 소유스 우주선을 빌려서 타야만 했다. 내가 우주인 훈련을 받을 때 우주왕복선 종료가 예정되어 있었기 때문에 미국 우주인들이 이미 소유스 우주선에 탑승하고 있었다. 그런데 2020년부터 더 이상 소유스 우주선에 의존할 필요가 없게 되었다. 이제 스페이스X의 우주선이 우주인을 국제우주정거장으로 보내주고 있기 때문이다. 그리고 스페이스X는 국제우주정거장보다 더 높은 궤도를 방문하는 우주여행 프로그램까지 만들었다.

스페이스X는 2023년 상반기 중에 멀린보다 추력이 두 배 큰 랩터 엔진 33기를 묶은 1단을 가진 스타십을 발사할 예정이다. 스타십은 스페이스X의 모토인 '생명을 다행성의 존재로Making Life Multiplanetary'를 현실로 만들어줄 로켓이다. NASA는 아르테미스 달 탐사 계획 3, 4단계의 인간착륙시스템Human Landing System, HLS을 맡을 우주선으로 스타십을 선정했다. 이 로켓은 최대 100명을 동시에 우주로 보낼 수 있다.

로켓 재활용으로 발사 비용을 낮춘 스페이스X는 우주산업을 완전히 바꿔놓았다. 현재 전 세계 발사체 시장의 60퍼센트 이상을 점유하고 있고, 나머지는 사실상 거대 사업자들이 다른 발사체 기업의 폐업을 막기 위해서 일부러 발사

의뢰를 분산한다고 봐도 될 정도다. 로켓 재사용으로 비용을 낮추고 있는 곳은 현재로는 스페이스X뿐이기 때문이다. 2022년 8월 우리나라의 달 탐사선 다누리를 발사한 팰컨 9은 여섯 번째 비행이었다.

앞서 언급했듯 스페이스X가 로켓 발사 비용을 극적으로 낮춘 핵심 기술은 발사한 로켓을 재사용하는 것이었다. 로켓이 개발된 지 60년이 넘었는데 왜 그동안은 로켓을 다시 쓴다는 생각을 하지 않았을까? 사실 기술 문제는 이미 해결되어 있었다. 그래서 스페이스X가 그렇게 짧은 시간에 성공시킬 수 있었다. 문제는 올드스페이스의 관성에서 벗어나지 못한 시스템이었다.

'화성협회'를 설립한 로버트 주브린Robert Zubrin은 《우주산업혁명》에 '우주탐사의 진보를 가로막은 가장 큰 제도적 장애물은 기록상의 경비에 8~10퍼센트의 이윤만을 덧붙이게 계약자들을 규제한, 정부가 시행하는 실비 정산 계약 체계'라고 설명한다. 이 체계는 계약자들이 수많은 청구서를 만들게 하여 경비를 더욱 증가시키도록 했다. 간접비가 올라갈수록 더 많은 이윤을 얻을 수 있기 때문이다. 시장경제에서는 제조사들이 경비를 절감해 이윤을 높이는 것이 당연한데, 실비 정산 계약자들은 제조사들이 경비를 늘려서 이윤을 높이는 것이다. 잘못된 제도가 발전으로 가는 발목을 잡고 있었다는 말이다.

이런 사례는 앞으로 우주산업을 지원하겠다는 우리나라에도 중요한 시사점을 준다. 누리호와 달 탐사선 발사 성공으로 우주에 대한 국민적인 관심이 높아지고 있고, 앞으로 달 착륙선을 우리 발사체로 쏘아 올린다는 것과 화성 궤도선과 착륙선 계획도 발표했다. 우리가 우주탐사에 참여하기를 완전히 포기하지 않는 한 당연히 세워야 할 목표다. 또한 우주 시대에 정부가 할 역할은 민간이 할 수 없는 이런 일을 하는 것도 맞는다.

그런데 우주산업을 키우는 바가 목적이라면 이 일을 추진하는 과정에서 민간에 최대한 기술 개발과 습득, 활용의 기회를 제공해야 한다. 앞에서 이야기한 실비 정산 계약이 발전의 발목을 잡고 있었던 것도 맞지만, 세 번의 발사 실패로 위기에 처한 스페이스X가 기사회생하게 된 것은 우주로 화물을 수송하는 NASA와의 계약 덕분이기도 하다. 2021년 스페이스X의 매출 280억 달러 중 56퍼센트가 NASA, 국방부, 연방통신위원회와 같은 정부 기관과의 일에서 온 것이다. 특히 NASA와의 계약이 전체 매출의 44퍼센트인 123억 달러였다. 정부의 정책이 발목을 잡을 수도 있고, 디딤돌이 될 수도 있는 것이다.

NASA는 계획하는 임무의 성격, 필요한 장비의 구

체적인 성능과 제원 등의 정보를 담은 제안 요청서를 발표하고 민간 기업의 참여를 주문한다. NASA의 과학자들이 전반적인 기술 지원은 해도 그들이 원하는 장비를 어떻게 구현하느냐는 민간 기업의 몫이다. NASA는 최종 제안 요청서를 내기 전에 계속해서 기업의 의견을 청취하기도 한다. 스타십이 아르테미스 3, 4단계의 우주선으로 선정된 것도 이 과정을 통해서였다.

물론 우리나라 사정은 미국과 다르기 때문에 NASA와 똑같은 정책을 추진할 수는 없을 것이다. 새로운 발사체 개발이나 달, 화성 탐사와 같은 대규모 프로젝트는 정부가 추진해야 하는 일이고, 이 과정에서 민간의 참여를 높이는 것이 중요하다. 그리고 민간에서 쉽게 만들기 어려운 기반 마련도 정부가 할 일이다. 발사체 개발을 위해서 발사 장소를 제공하거나, 원활한 부품 공급을 위해 국제 규제를 해소해주거나, 시제품 제작과 성능 검증을 위한 인프라를 구축하는 일 등을 할 수 있다. 우주항공청이 설립된다면 우리나라에서 새로운 우주산업이 성장할 수 있도록 실질적인 도움이 되는 정책을 펼쳐주길 바라는 마음이다.

얼마 전, 스페이스X의 스토리를 담은 《리프트오프》라는 책을 읽었다. 그 가운데서 흥미로운 에피소드를 보았다. 2010년, 팰컨 9이 처음 발사되기 몇 달 전에 스위스 출신의 과학자이자 2016년에는 NASA의 과학 탐사 책임자가 된 토머스 취르뷔헨Thomas Zurbuchen은 팰컨 9의 발사 성공 여부를 놓고 친구들과 내기를 했다고 한다. 대부분 실패한다는 쪽에 걸렸다. 스페이스X가 네 번의 시도 끝에 작은 로켓을 우주에 올려 보내는 데는 성공했지만, 2년 만에 대형 로켓을 보내는 건 불가능하다고 생각했다. 그런데 취르뷔헨은 내기를 하기 얼마 전에 《애비에이션 위크Aviation Week》에 인재 개발에 대한 글을 기고하기 위해 준비하다가 새로운 사실을 알게 되었다. 그는 지난 10년간 여러 자료를 근거로 자신이 평가하는 최고의 학생 10명 목록을 만들어서 그들이 어디에서 일하고 있는지 살펴봤다. 놀라운 건 그들 중 절반이 당시 업계를 선도하던 회사들이 아니라 스페이스X에 들어간 것이다.

취르뷔헨은 기사에 '팰컨 9이 단번에 성공할 거라는 데 내기를 걸었지만 약간 불안했다. 그러나 장기적으로 보면 인재가 경험을, 기업가적 문화가 전통을 이긴다'고 썼다. 팰컨 9 첫 발사 두 달 뒤에 나온 이 기사는 머스크의 관심을 끌었다. 그는 이를 모든 직원과 공유하고 취르뷔헨을 스페이스X 공장 탐방에 초대했다. 머스크는 의례적인 이야기가 끝나고, 질문을 했다. "나머지 다섯 학생은 누구입니까?"

우주산업의 성공을 위해서는 여러 가지가 필요하겠지만 단연 가장 중요한 것은 사람이다. 앞에서도 이야기했지만, 다양한 기능을 가진 위성이 우주로 더 많이 나가게 되면 그것에 기반한 어떤 산업이 생겨날지 아무도 예상할 수 없다. 보통 우주산업이라고 하면 발사체와 인공위성을 만드는 것만 생각하는 경우가 많은데, 우주 경제에서 발사체와 위성 제조는 전체 시장 규모의 10퍼센트도 되지 않는다. 발사체와 위성이 만들어놓은 인프라를 활용하는 산업이 훨씬 더 큰 시장이 되는 것이다. 여기에서 앞서 나가기 위해서는 아이디어와 비전을 가진 우수한 인재들이 그곳으로 뛰어드는 게 가장 중요하다.

앞으로 우리나라는 많은 분야에서 인재 부족에 시달릴 가능성이 높다. 현재 한국 10대 인구는 50대의 절반밖에 되지 않는다. 우수한 인재 양성을 위해 노력하지 않으면 큰 위기를 겪을 수 있다. 그런데 거꾸로 청년의 입장에서 보면, 이들은 현재의 50대가 은퇴하거나 그 이후에 사회에 진출할 것이기 때문에 오히려 기회가 많아질 수 있다. 남들이 다 가는 곳을 따르기보다는 새로운 분야에 도전하는 게 본인의 가치를 더 높일 가능성이 클 것이다.

현대는 정보와 네트워크의 시대이고, 우주 시대는 정보와 네트워크가 우주로 확장되는 시기다. 이 과정에서 어떤 산업과 시장이 만들어질지는 아무도 모른다. 새로운 세상을 만드는 기회를 얻을 만한 분야들에 우주가 포함될 가능성은 꽤 높아 보인다. 우리나라가 우주 시대에 더 넓은 곳으로 나아가는 데 대한민국 최초 우주인으로서 작은 힘이나마 보태고 싶은 것이 나의 희망이다.

길다면 길고 또 짧다면 짧을 45년 내 인생에서, 한국 최초 우
주인으로 선발되어 러시아에 가 훈련을 받고 11일간의 우주
비행을 했던 시간은 정말이지 너무나도 특별했던 찰나다. 그
래서인지 가끔은 혼자 그 기억들을 되새기다 "정말 내가 겪
은 일이 맞나?" 하고 자문할 정도다. '설마 직접 겪은 일인데,
자문한다고? 드라마틱한 경험이었다는 이야기를 과장해서
말하는 거겠지'라고 되묻는 이들이 종종 있지만, 전혀 부풀
린 게 아니다.

　　앞서 이야기했던 것처럼 한국에 돌아오자마자 청
주 항공우주의료원으로 향했고, 약 2주간 입원했다. 감사하
게도 의료원의 입원 환자들과는 달리 민간인이라 일인실에
머물 수 있었다. 가끔 내 상태를 보러 오시는 원장님과 링거
를 바꿔주는 간호 장교님 외에는 거의 혼자 시간을 보냈다.
우주인으로서의 비행이나 러시아에서의 일을 돌아보는 기
회가 되었으면 참 좋았을 텐데 그러지 못했다.

　　러시아에서 완전히 회복하고 돌아온 것이 아니다
보니 거의 매일 피곤한 느낌에, 이런저런 검사에, 허리 통증

도 있던 상황이라 뭔가 환자 아닌 환자였다고나 할까? 혼자라 적적한 마음에 낮 시간에는 거의 텔레비전을 틀어두었다. 그러던 어느 날 대한민국 최초 우주인이 선발되고 우주에 다녀오는 전 과정을 보여주는 SBS〈스페이스 코리아〉다큐멘터리가 나오고 있었다.

　　한참을 보다가 문득 '아, 저 친구가 한국 최초 우주인으로 우주에 다녀왔나 보네'라는 생각을 하는 나를 발견했다. 순간 웃음이 피식 나왔고, '내가 뭘 하고 있는 거지?' 싶어 돌아보니 환자복을 입은 나는, 나도 모르게 1년 전 대학원생 이소연으로 돌아가 있었다. 그때가 나와 대한민국 우주인 간의 거리가 가장 멀게 느껴졌을 때였다. 이후 우주인으로서 여러 일을 하면서 점점 가까워지긴 했지만, 지금도 가끔은 '꿈이 아니라 내가 진짜 다녀온 게 맞나?' 싶을 때가 있다.

　　어디 우주 비행뿐인가? 과거의 기억을 되돌아볼 때면, 특히 함께 경험했던 사람들과 이야기할 때면 그 자리에 있던 모두가 기억을 다르게 하기도 한다. 명백한 기록이나 사진으로 확인하면, 그중 몇 명이 확실히 보았거나 들었다던 기억이 왜곡된 사실임에 놀랄 때도 있고. 평범한 사람으로서 나 또한 예외가 아닐 것이라 우주인 선발, 러시아에서의 훈련, 국제우주정거장에서 실험을 하던 우주 비행까지, 혹시라도 나도 모르게 다르게 기억하고 있거나 왜곡된 건 아닌지 염려하지 않을 수 없다.

우주 비행 직후에는 경험을 남기는 것에 대해 생각할 겨를도 없었고, 그 이후에는 내가 복기하는 기록이 너무 감성적이 되어 객관적이지 않을까 봐 그에 대한 글을 쓰는 게 조심스러웠다. 물론 그때만 해도 시간이 이렇게나 빨리 갈 거라곤 생각도 못 한 것 같다. 어느새 15년이 훌쩍 흘렀고, 글을 쓰고 있는 지금은 이 책의 내용 중에 혹시라도 무의식적으로 멋지게 포장한 부분은 없을지, 정확히 기억하는 것이 맞는지, 확신할 수 있을지 되묻게 된다. 모쪼록 너무 늦지 않았길 바랄 뿐이다.

우주 비행 직후부터 지금까지 대부분의 인터뷰나 패널로 참여했을 때 빠지지 않는 단골 질문이 있다.

"우주인으로 우주 비행을 하는 꿈을 이루셨는데, 이제 또 달성하고 싶은 꿈이나 목표가 있으신가요?"

평생 한 번도 우주인이 되어 우주 비행을 하는 꿈을 꾼 적이 없었는데, 이러한 자리에서 만난 대부분이 의심도 없이 내 꿈이었을 거라고 추측하는 상황을 수없이 마주했다. 그러면서 아주 많은 사람이 우주 비행의 꿈을 가지고 있다는 사실을 알게 되었다. 앞서 이야기했듯이 나는 우주를 생각할 여유조차 없었다. 살면서 우주를 꿈꾸는 여유를 가진 사람들이 부럽기도 했고, 또 동시에 그렇게 많은 이가 꾸는 꿈인데, 나는 너무 가벼운 동기로 우주인에 지원하고 우주에 다녀오게 된 데 미안한 마음도 있었다. 물론 언제나 솔직하게, 어릴 적부터 꾸던 꿈은 아니었지만 과학을 공부하고 매 순간 최선을 다하고, 그때마다 마주한 문제를 해결하다 보니 나도 모르게 이 자리에 와 있었다라는 답을 한다. 그다음 질문이 문제였다. 사실 지금도 그 뒤 질문이 가장 어렵다.

그럼 이제 내가 이루고 싶은 꿈은 무엇일까? 저렇게 많은 사람들이 기대하고 궁금해하는데 뭐라고 대답해야 하지? 걱정이 되기도 했다. 비행 직후 몇 년간은 이 정도로 답했던 것 같다.

"우주인이 되기까지도 거의 30년이 걸렸는데, 무언가 많은 분들이 기대하는 꿈을 이루려면 또 최소 20~30년은 걸리지 않겠어요? 우주인 선발에 지원하기까지 걸렸던 시간을 생각할 때, 그다음 꿈을 알게 되기까지도 10년 정도는 더 걸리지 않을까 생각됩니다. 제 답변이 실망스러우셨다면 죄송합니다."

정말이지, 하루에도 몇 곳씩 다니며 강연하고 방송

출연, 행사 참석을 하던 일정에 한 달이 멀다 하고 해외 출장을 다니던 그땐, 꿈을 고민하는 것은 사치였다고 해도 과언이 아니다. 하지만 매번 질문을 받을 때마다 나 역시 '내 꿈은 뭘까' 고민하게 되었고, 큰 꿈까지는 생각하지 못하더라도 목표는 있어야 하지 않을까 싶었다. 세계 각국의 최초 우주인들에 대해 리서치까지 하고도 방향을 잡지 못해 혼란스럽기도 했지만, 그 걱정만 하고 있을 수는 없었다. 잠깐은 멈춰서 내가 어디를 향해 가야 할지 생각해보아야 할 것 같다는 막연한 느낌은 있었다.

하지만 당장 내일 일정조차도 내 마음대로 할 수 없는 상황에, 목표나 꿈에 대해 생각하는 게 의미가 있을까 싶기도 했다. 꿈이나 목표 따위는 무시하고픈 순간도 있었다. 엄청나게 빠르게 달리는 차를 운전하는데 목적지가 어디인지 모르는 느낌 같다고나 할까? 그렇다면 잠시 멈추어 여기는 어디고, 어느 방향을 향하는 것이 맞을지 결정하고 다시 달려야 할 것 같았다. 자동차의 내비게이션에 주소를 검색해서 목적지를 입력하고 출발해야 하는 것처럼 말이다.

'목적지를 정확히 모르고 내비게이션도 없는데 어쩌지?' 하는 두려움 역시 있었다. 나를 기준으로 동서남북은 어느 방향이고, 내가 가야 할 곳이 대략 어느 쪽에 놓여 있는지 정도는 알아야 최소한 반대로 가지 않을 것 같기도 했다.

그렇다면 좀 먼 미래라 할지라도, 확실치 않다고 할지라도 궁극적인 북극성은 알고 그쪽을 향해야겠지.

우주정거장에서 밤중에 깨어 다시 잠들기 어려울 때가, 내 캐빈의 작은 창을 통해 지구를 여유 있게 내려다볼 수 있는 보너스 같은 시간이었다. 90분이면 한 바퀴를 도는 빠른 속도로 지구 상공을 내려다보다, 문득 왜 하필 나는 저 넓은 다른 곳들이 아닌 언뜻 지나치기 쉬운 저 작은 한반도에 태어나서 살게 되었는지 궁금해졌다. 지리적인 부분뿐이 아니었다. 왜 하필 삼국시대도, 고려시대도, 조선시대도, 암울했던 일제강점기도, 한국전쟁 직후 폐허가 된 한국도 아니고 경제 발전이 한창이었던 1978년에 태어나게 되었을까? 이 질문이 머릴 떠나지 않았다. 만약 지금 내려다보이는 저 대륙의 한가운데 태어났다면 내 삶은 어떻게 달라졌을까? 지금의 나를 만든 교육을 받을 수 있었을까? 만약 한국전쟁이 벌어지던 1950년 즈음 30대로 살았다면 어땠을까? 살짝 비껴 나간 위치인 한반도의 북쪽에서 태어났다면?

이런 연속적인 질문의 답은 누구도 알 수 없지만, 하나는 분명했다. 나의 어떤 행동이나 노력과 상관없이 내가 어느 시점에 어디에서 태어났느냐가 삶의 아주 큰 부분을 결정 지었다는 사실이다. 그 어떤 이유나 선택과 상관없이, 나는 내 조국 대한민국의 꽤 좋은 시기에 태어난 것에 감사해야 했는데, 그동안 세상은 불공평하다며 불평하기 일쑤였다. 우주에서 지구를 내려다보자니 세상이 불공평한 것은 사실이지만, 지금 이 순간 어떤 이유도 선택의 여지도 없이 전쟁터에서 삶과 죽음을 넘나드는 아이들이나, 지구의 반대편에서 기아와 질병으로 고통받는 사회적 약자에 비하면, 명백하게 나는 불평을 하기보다는 감사해야 하는 사람임이 분명했다.

나는 태어난 순간부터 지금껏 엄청난 축복을 누렸음에도, 얼마나 운 좋은 사람이었는지를 깨닫지 못한 채 당연하게 여기며, 심지어는 불평하며 살아온 나 자신이 부끄러워졌다. 나 역시 평범한 인간이기에, 우주에서의 이런 깨달음과 반성을 통해 완전히 새로운 사람으로 다시 태어나지는 못했다. 지구로 돌아오자마자 불편한 상황을 마주할 때마다 불평하기 일쑤였다. 우주에서의 경험을 나누는 강연을 할 때마다 우주에서 했던 생각을 공유하면서 당시의 깨달음과 반성을 상기할 수 있어서 다행일 뿐이다.

"부조리가 있는 교육제도와 마음에 안 드는 학교에 불평하기 쉽습니다. 그런데 지구상 어딘가에는 교육제도를 만들 정부가 아예 없는 전쟁 통에 고통받는 또래의 학생들이 어떤 학교라도 좋으니 다시 가고 싶다는 생각을 할 거예요. 이미 가진 것을 당연하게 여기기보다 우리 삶에 감사할 일이 많다는 사실을 기억합시다."

대강당에 모인 학생들에게 이렇게 말하고 돌아오는 길에 교통 체증을 마주하면, 내가 운전할 차가 있음에 감사하고, 도로가 깔린 선진국에 살고 있는 것에 감사하기보다는 막히는 길을 불평하는 나를 발견하고 얼마나 부끄러운지 모른다. 이제는 몇 번을 했는지 셀 엄두도 나지 않는 수많은 강연을 했으니, 나만 아는 이런 부끄러운 순간 또한 셀 수 없이 많았고, 그 과정은 우주에서 가졌던 내 질문에 나만의 답을 생각할 수 있게 해주었다.

지구상의 약 80억 인구 중 5,000만의 대한민국 인구로만 따져도 0.6퍼센트 정도의 낮은 확률이고, 게다가 대한민국의 긴 역사 가운데 꽤 안락한 시기에 태어난 건 행운이다. 다만 태어날 때가 아니라, 내가 세상을 떠난 뒤 어떤 삶을 살았는지로, 그런 행운을 누릴 자격이 있었던 사람인지 그렇지 않은지가 결정되는 것이 아닐까? 어느 정도 노력을 할 사람인지, 얼마나 자랑스러운 졸업생이 될지 모른 채, 고등학교 때 성적이나 입학 시험 점수로만 추측한, 막연한 가능성으로 학생이 될 수 있게 해주는 대학교나 대학원처럼 말이다.

우리가 사는 아름다운 행성 지구는 아직까지 탐험 가능한 범위 내에서는 유일하게 인류가 생존할 수 있는 곳이다. 무엇보다 저 광활한 우주의 생명이 살 수 없는 수많은 다른 별에서가 아니라 지구에 태어나 한평생을 살아가는 축복을 누릴 자격이 있는 사람이고 싶다. 지금 우리는 지구에 잠시 살다 가는 세입자인 셈이다. 잠시 살던 집에서 이사 나갈때 모든 것을 원래대로 돌려놓아야 하듯, 다음 세대가 살아야 할 지구를 최대한 그대로 보존해야 할 의무를 지킬 때 여기서 살게 된 축복을 누릴 자격을 가질 수 있을 텐데. 참 마음이 무겁다. 80억 인구 중 한 명으로 스케일이 어마어마한 환경문제나 생태계 문제를 알게 되면서 과연 그 자격을 유지할 수 있을지, 미약한 한 사람으로 과연 내가 할 수 있는 일이 있기는 할까?라는 생각에 무기력한 느낌을 받기 일쑤다. 그래도 최선을 다하자는 생각에, 종이컵 사용을 줄이기 위해 출장 가방에 물통을 넣고, 분리수거 방법을 배워서 최대한 지키려고 하는 것으로 조금이라도 기여하고 있다고 믿는 수밖에.

대한민국 최초 우주인으로서도 마찬가지라는 생각이 든다. 3만 6,000명 중 최종 2인에 선발되었을 때만 해도, 그동안 공학 공부를 하고 건강을 유지하기 위해 최선을 다하고 틈틈이 운동을 한 덕분이라고 믿었다. 하지만 지금 생각하면 그때의 나는 참 오만하다 못해 순진해 빠진 미성숙한 대학원생이었다. 결국 대한민국 최초 우주인으로서의 자격도 내가 대한민국 최초 우주인으로서의 삶을 다 채우고 세상을 떠날 때 판단할 수 있지 않을까라는 생각이 든다.

15년이 지난 지금도 과학관에서 강연을 할 때면 내 사진이나 이름이 있는 책, 포스터를 들고 와 사인을 받고 싶어 하는 많은 어린이를 만난다. 심지어 내가 우주에 갔던 2008년에 태어나지도 않았던 초등학생이 책에서 보던 우주인을 만나게 된 데 흥분을 감추지 못하는 모습을 볼 때면, 내가 이런 대접을 받을 자격이 있나, 자문하지 않을 수 없다. 그때마다 내 삶의 북극성을 희미하게나마 꿈꾸게 된다. 언젠가 내가 세상을 떠난 뒤 나와 사진 찍고 싶어 했던, 강연이 끝나고 찾아와 질문을 하던, 부끄럽게 사인을 부탁하며 책을 내밀던 미래 세대의 친구들이 그 순간을 후회하지 않게 하고 싶다. 그 북극성은 남은 나의 삶을 어떻게 살아야 할지에 대한, 인생에서 중요한 선택을 해야 할 때마다 좋은 길잡이가 되어주는 듯하다. 자극적인 콘텐츠를 만들기 위해 대한민국 최초 우주인의 스캔들을 찾는 분들께는 미안하게 되겠지만….

우주의 시간

국제우주정거장의 하루

국제우주정거장은 지상 약 420킬로미터 상공에서 90분에 한 바퀴씩 지구를 돈다. 즉 정거장 안에서는 하루에 16번 해가 뜨고 진다. 지구에서는 해가 뜨면 아침, 해가 지면 저녁이 되어 하루가 저무는데, 같은 기준을 적용하면 우주정거장의 하루는 지상의 16분의 1인 90분이 되는 셈이다. 몇천 년간 태양의 움직임에 따라 하루 24시간을 살던 인류가 갑자기 하루 90분으로 삶을 바꿀 수도 없는데, 우주정거장에서는 어떤 시간을 따라 일과를 보내게 되는지가 강연 때마다 단골 질문이었다.

      과거 러시아가 단독으로 우주정거장을 운영하던 때는, 큰 고민 없이 러시아의 수도 모스크바 시간에 따라 우주인들이 일과를 보냈다. 그래서 발사를 위해 카자흐스탄 바이코누르로 이동한 뒤에도 현지 시간과 상관없이 우주인 숙소 안에서는 모스크바 시간에 맞추어 생활했다고 한다. 지금은 16개국이 협력해서 운영하는 국제우주정거장에서 우주인들이 생활하는데, 그럼 어느 나라 시간을 따르게 될까? "그럼 시간을 정할 때, 우주정거장에서 가장 큰 역할을 담당하는 러시아와 미국이 싸웠나요? 누가 이겼나요?"라는 질문을 받은 적도 있다.

결론은 세계 시간의 기준인 GMTGreenwich Mean Time다. GMT 역시 영국 왕립 그리니치 천문대가 위치한 곳의 시간이기 때문에 "왜 영국이 국제우주정거장 시간의 기준이 된 건가요?"라는 질문도 받는다. GMT는 시간대를 의미해서 영국 시간을 따른다는 느낌이니, 전 세계의 기준이 되는 시간, UTCUniversal Time Coordinated라고 하는 편이 좋을 듯하다.

국제우주정거장의 일정은 다음 표에 나와 있는 것처럼 임무, 훈련, 행사 등으로 빼곡히 차 있고, 각각 시간은 분 단위로 비행 전에 미리 계획된다. 일정표는 우주에서 임무를 수행할 때 내가 보던 것은 아니고, 비행 전 한국 정부와 러시아 정부 간 한국 우주인의 일정을 논의하는 과정에서 나온 최종본이다. 실제 내 우주 비행 동안의 일정은 이후 상황에 따라 MCCMission Control Center의 판단으로 바뀌기도 했다.

우주에서보다 훨씬 단순한 일정으로 사는 지금도 스마트폰이나 스마트워치가 일정 전에 알려주지 않으면 깜빡하고 놓치기 일쑤인데, 15년 전 우주정거장에서 어떻게 이 빡빡한 일정을 매번 확인하면서 임무를 수행했는지 생각하면 의아하기도 하다. 우주정거장의 우주인들은 정거장 곳곳에 설치된 랩톱컴퓨터의 OSTPVOnboard Short Term Plan Viewer라는 프로그램으로 최신 업데이트된 일정을 볼 수 있다.

하루에 16번 해가 뜨고 16번 해가 지는데, 그럼 아침과 저녁은 어떻게 구분할까? 사실 창가에 있을 때가 아니면 해가 뜨고 지는 걸 느끼기 어려운 곳이 우주정거장이다. 이곳에서도 우주인들은 지구에서와 같이 대부분 하루 24시간 기준으로 임무를 수행하는데, 가끔 화물선이나 우주선이 도착해서 도킹하거나, 정거장을 떠나는 시간을 맞추기 위해 그 전날 하루를 좀 더 길게 늘리거나 짧게 줄이면서 임무 수행하는 시간에 중요한 도킹을 진행할 수 있도록 조절하기도 한다. 다음 표를 보면 내 일정에서도 지상으로 귀환하기 전날, 다른 날보다 짧은 하루가 되었는데 취침 시간을 줄여 지상으로 귀환하는 시간을 맞추었다.

우주정거장의 아침은 가장 먼저 기상한 우주인이 정거장 내부의 불을 켜는 것으로 시작된다. 대개 정거장의 선장이 불을 켜고 지상과 통신을 하면서 아침을 연다. 가끔은 이른 아침에 임무를 시작해야 하는 우주인이 실내 불을 켜기도 한다. 그리고 마지막으로 임무를 마치고 잠자리에 드는 우주인이 내부 불을 모두 소등하면 밤이다.

우주정거장에 바깥을 볼 수 있는 창이 많지 않고, 또

특별한 임무가 없는 경우에는 대부분 창의 셔터가 닫혀 있어
내부에서 90분마다 해가 뜨고 지는 것을 느끼기는 힘들다.
내 경우는 임무 중 하나를 모듈과 모듈 사이의 연결부에서
진행한 때가 있었는데, 그곳에는 셔터가 열린 창이 있어서
실험하는 두어 시간 사이에 해가 뜨고 지는 것을 느낄 수 있
었다. 분명히 실험을 시작할 때는 조명이 따로 필요없이 밝
았는데, 어느 순간 주변이 너무 어두워서 돌아보니 해가 지
고 있었다. 부랴부랴 중앙 모듈로 날아가 조명을 가져와 켜
느라 부산했던 기억이 난다.

　　90분에 한 번씩 해가 뜨고 지는 것 때문에 앞서 이야
기한 창을 통해 들어오는 햇빛에 의지해 실험을 하는 경우를
제외하고는 불편했던 기억은 거의 없다. 의외로 좋았던 시간
이 더 많은데, 창을 통해 보는 지구가 가장 아름다워 보이는
순간이 해가 뜨는 이른 새벽과 해가 지는 석양을 볼 때였기
때문이다. 은퇴한 우주인 중에 우주 비행 때 기억을 그리는
분들이 꽤 있는데, 그 그림의 단골 대상이 해 뜰 녘, 해 질 녘에
우주정거장에서 내려다보는 지구인 것도 그 이유인 듯하다.

🌓 국제우주정거장에서 해가 뜨고 질 때 © Nicole Stott

우주 시간표 (2008년 4월 10일부터 4월 19일까지)

• 2008년 4월 10일~4월 11일

15:50 – 16:10	TK–16S 해치 열림, 방송 인터뷰, ISS 환영식
16:30 – 16:55	안전 브리핑
17:20 – 18:20	점심
18:20 – 19:20	ISS 오리엔테이션(미국, 러시아 모듈 설명)
19:30 – 19:40	한국 우주 실험 KAP01(화물 모듈에서 가져와 ISS 벽에 붙이고 사진 촬영)
20:10 – 20:20	한국 우주 실험 KAP02(화물 모듈에서 가져와 시작하고 조립해서 ISS 벽에 붙인 후 사진 촬영)
20:20 – 20:50	RSE1 랩톱에 설치된 HDD 확인
20:20 – 20:35	RSE2 랩톱에 설치된 HDD 확인
21:10 – 22:10	저녁 임무 준비
22:40 – 00:10	한국 우주 실험 KAP03(화물 모듈에서 가져와 설치하고 실험 시작)
23:10 – 23:25	한국 우주 실험 KAP03의 설치 과정 및 생물 반응기 비디오 촬영
00:00 – 01:30	취침 준비(일일 허용 음식 준비, 저녁 세면)
01:30 – 10:20	취침

• 2008년 4월 11일~4월 12일

10:20 – 11:50	기상(ISS 오전 체크, 세면, 아침 식사)
11:50 – 12:10	임무 준비

12:10 – 12:40	한국 우주 실험 KAP01(노맥스에서 식물 꺼내어 사진 촬영, 질의서 작성)
12:40 – 13:10	한국 우주 실험 KAP02(노맥스에서 키트 꺼내서 비디오 촬영)
13:10 – 13:20	라디오 생방송
13:20 – 15:00	한국 우주 실험 KAP05 첫 번째 실험 준비 및 수행
14:20 – 14:35	한국 우주 실험 KAP05 실험 사진 촬영
15:00 – 15:45	한국 우주 실험 KAP09 실험 장치 운반 및 조립
15:45 – 16:05	한국 우주 실험 KAP09 실험 장치 9번 창에 설치
15:45 – 16:15	한국 우주 실험 KAP09 실험 장치 조립 및 설치 과정 비디오 촬영
16:05 – 16:15	한국 우주 실험 KAP09 실험 장치 켜고 질의서 작성
16:20 – 16:30	라디오 통신
16:30 – 17:30	한국 우주 실험 KAP07 실험 장치 운반, 설치
17:40 – 18:20	한국 우주 실험 KAP08 실험 장치 운반, 조립 · 설치
18:20 – 18:35	한국 우주 실험 KAP08 실험 반응기 및 첫 번째 샘플 설치
18:25 – 18:35	한국 우주 실험 KAP08 실험 설치 과정 사진 촬영
18:35 – 19:35	저녁 임무 준비
19:40 – 19:50	한국 우주 실험 KAP02 저녁 일일 작업(노맥스 안에 키트 넣기)
19:50 – 21:45	취침 준비(일일 허용 음식 준비, 저녁 세면)
21:45 – 21:50	한국 우주 실험 KAP08 온도 확인
21:50 – 06:20	취침

• 2008년 4월 12일~4월 13일

06:20 – 06:30	한국 우주 실험 KAP04 준비 및 안압 측정
06:30 – 06:45	한국 우주 실험 KAP07 연결 및 샘플 A, B, C 설치
06:30 – 06:40	한국 우주 실험 KAP07 사진 촬영
06:45 – 08:00	기상(ISS 오전 체크, 세면, 아침 식사)
08:00 – 08:05	한국 우주 실험 KAP07 첫 온도 확인
08:05 – 08:10	한국 우주 실험 KAP08 온도 확인
08:10 – 08:20	한국 우주 실험 KAP09 장치 끄고 질의서 작성
08:20 – 08:50	한국 우주 실험 KAP02 일일 작업: 오전(확인 및 비디오 촬영)
08:50 – 09:00	라디오 통신
09:00 – 09:20	임무 준비
09:20 – 09:30	한국 우주 실험 KAP04 두 번째 안압 측정
09:30 – 09:50	한국 우주 실험 KAP09 9번 창에 설치된 장치 해체
09:50 – 10:20	한국 우주 실험 KAP01 일일 작업(확인, 사진 촬영, 질의서 작성)
10:20 – 10:35	TV 생방송
10:45 – 10:50	한국 우주 실험 KAP07 두 번째 온도 확인
10:55 – 11:10	한국 우주 실험 KAP13 장치 준비 및 설치
11:10 – 11:25	한국 우주 실험 KAP13 사진 촬영
11:25 – 11:30	한국 우주 실험 KAP13 캘리브레이션
11:30 – 11:55	한국 우주 실험 KAP13 측정
11:30 – 11:35	한국 우주 실험 KAP13 사진 촬영
11:35 – 11:55	한국 우주 실험 KAP13 측정 및 비디오 촬영
11:55 – 12:05	한국 우주 실험 KAP13 실험 및 최종 작업 근거리 촬영
12:20 – 12:30	한국 우주 실험 KAP04 세 번째 안압 측정

12:30 – 13:00	한국 우주 실험 KAP15 실험1 진행
13:20 – 14:20	점심
14:25 – 14:30	한국 우주 실험 KAP08 두 번째 온도 확인
14:40 – 14:45	한국 우주 실험 KAP07 세 번째 온도 확인
15:05 – 15:20	비공개 의학 통신
15:20 – 15:30	한국 우주 실험 KAP04 네 번째 안압 측정
16:40 – 16:50	라디오 통신
17:00 – 17:05	한국 우주 실험 KAP07 네 번째 온도 확인
18:00 – 18:20	한국 우주 실험 KAP09 실험 장치 9번 창에 설치
18:20 – 18:30	한국 우주 실험 KAP04 다섯 번째 안압 측정
18:20 – 18:30	한국 우주 실험 KAP04 안압 측정 사진 촬영
18:30 – 19:30	저녁 임무 준비
19:35 – 19:50	한국 우주 실험 KAP06 실험 진행 과정 비디오 촬영 준비
19:30 – 19:40	한국 우주 실험 KAP02 저녁 일일 작업(노맥스 안에 키트 넣기)
19:40 – 19:50	한국 우주 실험 KAP09 실험 장치 켜고 질의서 작성
19:50 – 21:25	취침 준비(일일 허용 음식 준비, 저녁 세면)
21:25 – 21:35	한국 우주 실험 KAP04 여섯 번째 안압 측정 및 마무리
21:35 – 21:40	한국 우주 실험 KAP08 세 번째 온도 확인
21:40 – 21:45	한국 우주 실험 KAP07 다섯 번째 온도 확인
21:45 – 21:50	한국 우주 실험 KAP07 샘플 A, B, C가 설치된 반응기 끄기
21:50 – 06:20	취침

• 2008년 4월 13일~4월 14일

06:10 – 06:25	한국 우주 실험 KAP07 온도 확인, A, B, C 샘플 꺼내고, D, E, F 설치
06:10 – 06:25	한국 우주 실험 KAP07 D, E, F 샘플로 작동되는 동안 비디오 촬영
06:25 – 06:30	한국 우주 실험 KAP08 온도 확인 및 반응기 전원 끄기
06:30 – 06:50	기상(ISS 오전 체크, 세면, 아침 식사)
07:50 – 08:05	임무 준비
08:05 – 08:15	한국 우주 실험 KAP09 장비 끄고 질의서 작성
08:15 – 08:45	한국 우주 실험 KAP02 일일 작업: 오전(노맥스에서 키트 꺼내서 비디오 촬영)
08:45 – 09:15	한국 우주 실험 KAP01 일일 작업(사진 촬영 및 질의서 작성)
09:15 – 09:25	라디오 생방송
09:25 – 09:30	한국 우주 실험 KAP07 온도 확인
09:30 – 09:50	한국 우주 실험 KAP09 9번 창에 설치된 장치 해체
10:50 – 11:05	햄라디오통신(평택 한광고)
11:20 – 11:25	한국 우주 실험 KAP07 두 번째 온도 확인
11:50 – 12:00	한국 우주 실험 KAP12 첫 번째 메모리 테스트 준비 및 실행
12:00 – 12:30	한국 우주 실험 KAP15 두 번째 실험 수행(ISS 내부 촬영)
12:40 – 13:10	한국 우주 실험 KAP06 실험 준비 및 수행
12:55 – 13:10	한국 우주 실험 KAP06 실험 수행하는 동안 비디오 촬영
13:10 – 14:10	점심

14:10 – 14:15	한국 우주 실험 KAP07 세 번째 온도 확인
15:20 – 15:30	음성 통신
15:35 – 15:40	한국 우주 실험 KAP07 네 번째 온도 확인
15:40 – 16:20	한국 우주 실험 KAP14 우주펜 데모 준비
16:05 – 16:20	한국 우주 실험 KAP14 우주펜 데모 과정 중에 비디오 촬영
16:20 – 17:10	한국 우주 실험 KAP14 뉴턴 법칙 데모 준비
16:30 – 16:40	한국 우주 실험 KAP14 뉴턴 법칙 데모를 위해 러시아 우주인 지원
17:10 – 18:00	한국 우주 실험 KAP14 모멘텀, 가속도, 중력 관련 실험 준비 및 데모
18:00 – 18:20	한국 우주 실험 KAP09 실험 장치 9번 창에 설치
18:20 – 18:30	한국 우주 실험 KAP02 일일 작업: 저녁(노맥스 안에 키트 넣기)
18:30 – 18:45	한국 우주 실험 KAP08 온도 확인, 1번 꺼내고 2번 설치
18:30 – 18:45	한국 우주 실험 KAP08 샘플 꺼내고 넣는 과정 비디오 촬영
18:45 – 19:30	저녁 임무 준비
19:30 – 19:40	한국 우주 실험 KAP09 장치 켜고 질의서 작성
19:40 – 21:30	취침 준비(일일 허용 음식 준비, 저녁 세면)
21:30 – 21:35	한국 우주 실험 KAP07 다섯 번째 온도 확인
21:35 – 21:40	한국 우주 실험 KAP07 D, E, F 샘플 설치된 반응기 끄기
21:40 – 06:10	취침

• 2008년 4월 14일~4월 15일

06:15 – 06:30	한국 우주 실험 KAP07 온도 확인, D, E, F 샘플 꺼내고, G, H, I 설치
06:30 – 07:50	기상(ISS 오전 체크, 세면, 아침 식사)
07:50 – 08:00	한국 우주 실험 KAP09 장비 끄고 질의서 작성
08:00 – 08:05	한국 우주 실험 KAP08 온도 확인
08:05 – 08:15	음성 통신
08:15 – 08:45	한국 우주 실험 KAP02 일일 작업: 오전(노맥스에서 키트 꺼내서 비디오 촬영)
08:45 – 09:15	한국 우주 실험 KAP01 일일 작업(사진 촬영 및 질의서 작성)
09:15 – 09:20	한국 우주 실험 KAP07 첫 번째 온도 확인
09:20 – 09:50	임무 준비
09:50 – 10:10	한국 우주 실험 KAP09 9번 창에 설치된 장치 해체
10:10 – 10:40	한국 우주 실험 KAP15 세 번째 실험 수행(ISS 내부 촬영)
10:40 – 10:45	한국 우주 실험 KAP07 두 번째 온도 확인
10:50 – 11:15	TV 생방송
11:15 – 12:35	한국 우주 실험 KAP05 두 번째 실험 수행
11:55 – 12:20	한국 우주 실험 KAP05 실험 수행 과정 비디오 촬영
12:35 – 12:50	비공개 의학 통신
13:05 – 13:10	한국 우주 실험 KAP07 세 번째 온도 확인
13:10 – 13:15	한국 우주 실험 KAP08 온도 확인
13:15 – 14:15	점심
14:15 – 14:25	음성 통신
14:35 – 14:45	한국 우주 실험 KAP12 두 번째 메모리 테스트 준비 및 실행

14:40 – 14:45	한국 우주 실험 KAP12 메모리 테스트 과정 사진 촬영
14:45 – 16:40	상징적 활동(국기에 사인 및 사진 촬영 등)
16:40 – 16:45	한국 우주 실험 KAP07 세 번째 온도 확인
16:45 – 16:55	한국 우주 실험 KAP13 실험 장치 준비
16:55 – 17:10	한국 우주 실험 KAP13 사진 촬영 준비
17:10 – 17:15	한국 우주 실험 KAP13 캘리브레이션
17:15 – 17:40	한국 우주 실험 KAP13 측정 진행
17:40 – 17:50	한국 우주 실험 KAP13 실험 정리
17:50 – 18:10	한국 우주 실험 KAP13 메모리 카드 꺼내고 마무리
18:00 – 18:15	한국 우주 실험 KAP04 24시간 홀터 실험 준비 및 시작
18:15 – 18:25	한국 우주 실험 KAP02 일일 작업: 저녁(노맥스 안에 키트 넣기)
18:25 – 18:45	한국 우주 실험 KAP09 실험 장치 9번 창에 설치
18:45 – 19:35	저녁 임무 준비
19:35 – 19:45	한국 우주 실험 KAP09 장치 켜고 질의서 작성
19:45 – 21:30	취침 준비(일일 허용 음식 준비, 저녁 세면)
21:30 – 21:35	한국 우주 실험 KAP08 온도 확인
21:35 – 21:40	한국 우주 실험 KAP07 다섯 번째 온도 확인
21:40 – 21:45	한국 우주 실험 KAP07 G, H, I 샘플 설치된 반응기 끄기
21:45 – 06:20	취침

• 2008년 4월 15일~4월 16일

06:20 – 06:30	한국 우주 실험 KAP09 장치 끄고 질의서 작성
06:30 – 07:50	기상(ISS 오전 체크, 세면, 아침 식사)

07:50 – 07:55	한국 우주 실험 KAP08 온도 확인 및 반응기 전원 끄기
07:55 – 08:20	한국 우주 실험 KAP09 9번 창에 설치된 장치 해체
08:20 – 08:30	라디오 생방송
08:30 – 08:55	한국 우주 실험 KAP02 일일 작업: 오전(노맥스에서 키트 꺼내서 비디오 촬영)
08:55 – 09:20	한국 우주 실험 KAP01 일일 작업(사진 촬영 및 질의서 작성)
09:20 – 12:20	소유스 귀환 훈련
12:20 – 13:10	한국 우주 실험 KAP07 G, H, I 샘플 꺼내고 마무리
13:20 – 14:20	점심
14:35 – 14:45	음성 통신
14:45 – 14:55	방송 준비
14:55 – 15:25	뉴스 생방송
15:25 – 17:25	한국 우주 실험 KAP14 표면장력 실험 준비 및 수행
15:35 – 16:25	한국 우주 실험 KAP14 실험 과정 비디오 촬영에 러시아 우주인 지원
17:20 – 17:25	한국 우주 실험 KAP14 마지막 실험 진행
17:25 – 17:55	한국 우주 실험 KAP15 네 번째 실험 수행(ISS 내부 촬영)
17:55 – 18:25	저녁 임무 준비
18:25 – 18:40	한국 우주 실험 KAP04 24시간 홀터 실험 종료
18:40 – 19:00	한국 우주 실험 KAP09 실험 장치 9번 창에 설치
19:00 – 19:30	한국 우주 실험 KAP08 실험 끝내고 마무리
19:30 – 19:40	한국 우주 실험 KAP02 일일 작업: 저녁(노맥스 안에 키트 넣기)
19:40 – 19:50	한국 우주 실험 KAP09 장치 켜고 질의서 작성
19:50 – 21:50	취침 준비(일일 허용 음식 준비, 저녁 세면)

| 21:50 – 06:15 | 취침 |

• **2008년 4월 16일~4월 17일**

06:15 – 06:25	한국 우주 실험 KAP04 준비 및 안압 측정
06:25 – 07:50	기상(ISS 오전 체크, 세면, 아침 식사)
07:50 – 08:00	한국 우주 실험 KAP09 장치 끄고 질의서 작성
08:00 – 08:30	한국 우주 실험 KAP02 일일 작업: 오전(노맥스에서 키트 꺼내서 비디오 촬영)
08:35 – 08:45	음성 통신
08:45 – 09:15	한국 우주 실험 KAP01 일일 작업(사진 촬영 및 질의서 작성)
09:15 – 09:25	한국 우주 실험 KAP04 두 번째 안압 측정
09:25 – 09:45	한국 우주 실험 KAP09 9번 창에 설치된 장치 해체
11:30 – 11:55	TV 생방송
12:15 – 12:25	한국 우주 실험 KAP04 세 번째 안압 측정
13:15 – 14:15	점심
14:50 – 15:00	음성 통신
15:15 – 15:25	한국 우주 실험 KAP04 네 번째 안압 측정
15:35 – 16:15	한국 우주 실험 KAP11 실험 수행을 위해 장치 준비
16:15 – 16:25	한국 우주 실험 KAP11 측정 장비 1 설치
16:25 – 16:40	한국 우주 실험 KAP11 사진 및 비디오 촬영
16:40 – 16:50	한국 우주 실험 KAP11 측정 장비 2 설치
16:50 – 17:05	한국 우주 실험 KAP11 2번 지점에서 소음 측정
17:05 – 17:15	한국 우주 실험 KAP11 측정 장비 3 설치
17:15 – 17:30	한국 우주 실험 KAP11 3번 지점에서 소음 측정
17:30 – 17:40	한국 우주 실험 KAP11 측정 장비 4 설치

17:40 – 17:55	한국 우주 실험 KAP11 4번 지점에서 소음 측정
17:55 – 18:15	한국 우주 실험 KAP11 장치 해체하고 정리해서 가져다두기
18:15 – 18:25	한국 우주 실험 KAP04 다섯 번째 안압 측정
18:25 – 18:45	한국 우주 실험 KAP09 실험 장치 9번 창에 설치
18:45 – 18:50	한국 우주 실험 KAP02 일일 작업: 저녁(노맥스 안에 키트 넣기)
18:55 – 19:05	한국 우주 실험 KAP09 장치 켜고 질의서 작성
19:05 – 19:45	저녁 임무 준비
19:45 – 21:15	취침 준비(일일 허용 음식 준비, 저녁 세면)
21:15 – 21:25	한국 우주 실험 KAP04 여섯 번째 안압 측정 및 마무리
21:25 – 21:45	취침 준비(일일 허용 음식 준비, 저녁 세면)
21:45 – 06:00	취침

• 2008년 4월 17일~4월 18일

06:00 – 07:30	기상(ISS 오전 체크, 세면, 아침 식사)
07:30 – 07:40	음성 통신
07:50 – 08:20	한국 우주 실험 KAP02 일일 작업: 오전(노맥스에서 키트 꺼내서 비디오 촬영)
08:20 – 08:50	한국 우주 실험 KAP01 일일 작업(사진 촬영 및 질의서 작성)
09:00 – 09:15	햄라디오 통신
10:15 – 10:40	TV 생방송
12:00 – 12:15	비공개 의학 통신
12:15 – 12:45	한국 우주 실험 KAP15 다섯 번째 실험 수행

13:00 – 13:30	리셉션
13:30 – 14:00	취침 준비
14:00 – 18:00	취침
18:00 – 18:30	기상
18:30 – 19:00	리셉션
19:00 – 19:10	한국 우주 실험 KAP09 장치 끄고 질의서 작성
19:30 – 19:50	한국 우주 실험 KAP09 9번 창에 설치된 장치 해체
19:50 – 20:00	한국 우주 실험 KAP02 일일 작업: 저녁(노맥스 안에 키트 넣기)
20:05 – 20:20	ISS 임무 교대식
20:20 – 20:40	문화적 활동(한국 우주 임무 KAP 06)
21:50 – 23:20	비디오 투어
00:40 – 01:10	한국 우주 실험 KAP01 일일 작업(사진 촬영 및 질의서 작성)
00:50 – 01:10	한국 우주 실험 KAP01 비디오 촬영
01:35 – 01:45	음성 통신
01:45 – 02:00	한국 우주 실험 KAP10 실험 수행
02:00 – 02:30	한국 우주 실험 KAP02 일일 작업: 오전(노맥스에서 키트 꺼내서 비디오 촬영)
02:30 – 02:55	저녁 임무 준비
03:00 – 05:00	취침 준비(일일 허용 음식 준비, 저녁 세면)
05:00 – 15:00	취침

• 2008년 4월 18일~4월 19일

15:00 – 16:30	기상(ISS 오전 체크, 세면, 아침 식사)
16:30 – 17:00	임무 준비

17:00 – 17:10	한국 우주 실험 KAP02 일일 작업: 저녁(노맥스 안에 키트 넣기)
17:10 – 17:40	한국 우주 실험 KAP02 마무리 및 장치 가져다두기
18:10 – 19:10	한국 우주 실험 KAP03 반응기 끄고, 마무리한 후 장치 가져다두기
18:30 – 18:40	한국 우주 실험 KAP03 비디오 촬영
19:10 – 19:25	한국 우주 실험 KAP01 장치 정리하고 귀환 준비
21:30 – 22:30	점심
00:10 – 00:30	해치 닫기(TV 중계)

참고 자료

- 김아사, 〈한국 떠난 '한국 첫 우주인' 이소연씨, 美서 우주교육 프로그램 활동 드러나〉, 《조선닷컴》, 2015년 6월 24일 자.
- 〈'우주인 이소연 국적' 관련 정정보도〉, 《인사이트》, 2018년 4월 1일 자.
- 이재웅, 〈단독 이소연 "정책 한계를 우주인 잘못으로 몰아가 안타까워"〉, 《동아일보》, 2014년 6월 26일 자.
- 전동혁, 〈'우주관광객' 논란 이소연 단독 인터뷰, "제2우주인 적극 돕겠다"〉, 《MBC NEWS》, 2018년 4월 3일 자.

- 로버트 주브린, 김지원, 《우주산업혁명》, 예문아카이브, 2021.
- 에릭 버거, 정연창, 《리프트오프》, 초사흘달, 2022.

우주에서 기다릴게

초판 1쇄 발행 2023년 4월 8일
초판 3쇄 발행 2023년 5월 18일

지은이 이소연
펴낸이 이승현

출판2 본부장 박태근
지적인 독자 팀장 송두나
편집 김예지
디자인 함지현

펴낸곳 ㈜위즈덤하우스   **출판등록** 2000년 5월 23일 제13-1071호
주소 서울특별시 마포구 양화로 19 합정오피스빌딩 17층
전화 02) 2179-5600   **홈페이지** www.wisdomhouse.co.kr

ISBN 979-11-6812-610-7 03400